哈洛新知
Hello Knowledge

知识就是力量

国家出版基金项目
NATIONAL PUBLICATION FOUNDATION

牛 津 科 普 读 本

气候变化

[美]约瑟夫·罗姆/著

黄刚 熊伊雪 田群
周士杰 马晓帆 黄一川/译

华中科技大学出版社
http://www.hustp.com
中国·武汉

湖北省版权局著作权合同登记　图字：17-2020-051 号

图书在版编目（CIP）数据

气候变化 /（美）约瑟夫·罗姆（Joseph Romm）著；黄刚等译 . —武汉：华中科
技大学出版社，2020.8（2021.12 重印）
（牛津科普读本）
ISBN 978-7-5680-6016-5

Ⅰ．①气⋯ Ⅱ．①约⋯ ②黄⋯ Ⅲ．①气候变化—普及读物 Ⅳ．① P467-49

中国版本图书馆 CIP 数据核字（2020）第 101103 号

气候变化
Qihou Bianhua

[美]约瑟夫·罗姆　著
黄　刚　熊伊雪　田　群　周士杰　马晓帆　黄一川　译

策划编辑：杨玉斌　陈　露
责任编辑：杨玉斌　陈　露　　　　　　　装帧设计：李　楠　陈　露
责任校对：李　琴　　　　　　　　　　　责任监印：朱　玢

出版发行：华中科技大学出版社（中国·武汉）　　电话：（027）81321913
　　　　　武汉市东湖新技术开发区华工科技园　　　邮编：430223

录　　排：华中科技大学惠友文印中心
印　　刷：湖北金港彩印有限公司
开　　本：880 mm×1230 mm　1/32
印　　张：14.75
字　　数：236 千字
版　　次：2021 年 12 月第 1 版第 3 次印刷
定　　价：98.00 元

总序

欲厦之高，必牢其基础。一个国家，如果全民科学素质不高，不可能成为一个科技强国。提高我国全民科学素质，是实现中华民族伟大复兴的中国梦的客观需要。长期以来，我一直倡导培养年轻人的科学人文精神，就是提倡既要注重年轻人正确的价值观和思想的塑造，又要培养年轻人对自然的探索精神，使他们成为既懂人文、富于人文精神，又懂科技、具有科技能力和科学精神的人，从而做到"物格而后知至，知至而后意诚，意诚而后心正，心正而后身修，身修而后家齐，家齐而后国治，国治而后天下平"。

科学普及是提高全民科学素质的一个重要方式。习近平总书记提出："科技创新、科学普及是实现创新发展的两翼，要把科学普及放在与科技创新同等重要的位置。"这一讲话历史性地将科学普及提高到了国家科技强国战略的高度，充分地显示了科普工作的重要地位和意义。华中科技大学出版社翻译出版"牛津科普读本"，引进国外优秀的科普作品，这是一件非常有意义的工作。所以，当他们邀请我为这套书作序时，我欣然同意。

人类社会目前正面临许多的困难和危机，例如，大气污染、海洋污染、生态失衡、气候变暖、生物多样性危机、病毒肆虐、能源危机、粮食短缺等，这其中许多问题和危机的解决，有赖于人类的共同努力，尤其是科学技术的发展。而科学技术的发展不仅仅是科研人员的事情，也与公众密切相关。大量的事实表明，如果公众对科学探索、技术创新了解不深入，甚至有误解，最终会影响科学自身的发展。科普是连接科学和公众的桥梁。这套"牛津科普读本"，着眼于全球现实问题，多方位、多角度地聚焦全人类的生存与发展，包括流行病、能源问题、核安全、气候变化、环境保护、外来生物入侵等，都是现代社会公众普遍关注的社会公共议题、前沿问题、切身问题，选题新颖，时代感强，内容先进，相信读者一定会喜欢。

科普是一种创造性的活动，也是一门艺术。科技发展日新月异，科技名词不断涌现，新一轮科技革命和产业变革方兴未艾,如何用通俗易懂的语言、生动形象的比喻,引人入胜地向公众讲述枯燥抽象的原理和专业深奥的知识,从而激发读者对科学的兴趣和探索,理解科技知识,掌握科学方法,领会科学思想,培养科学精神,需要创造性的思维、艺术性的表达。这套"牛津科普读本"采用"一问一答"的编写方式,分专题先介绍有关的基本概念、基本知识,然后解答公众所关心的问题,内容通俗易懂、简明扼要。正所谓"善学者必善问","一问一答"可以较好地触动读者的好奇心,引起他们求知的兴趣,产生共鸣,我以为这套书很好地抓住了科普的本质,令人称道。

王国维曾就诗词创作写道:"诗人对宇宙人生,须入乎其内,又须出乎其外。入乎其内,故能写之。出乎其外,故能观之。入乎其内,故有生气。出乎其外,故有高致。"科普的创作也是如此。科学分工越来越细,必定"隔行如隔山",要将深奥的专业知识转化为通俗易懂的内容,专家最有资格,而且能保证作品的质量。这套"牛津科普读本"的作者都是该领域的一流专家,包括诺贝尔奖获得者、一些发达国家的国家科学院院士等,译者也都是我国各领域的专家、大学教授,这套书可谓是名副其实的"大家小书"。这也从另一个方面反映出出版社的编辑们对这套"牛津科普读本"进行了尽心组织、精心策划、匠心打造。

我期待这套书能够成为科普图书百花园中一道亮丽的风景线。

是为序。

杨叔子

（总序作者系中国科学院院士、华中科技大学原校长）

引言

为什么你必须了解气候变化

气候变化对你以及你的家庭、朋友，甚至全人类的影响将远远超过互联网。25 年前，你很难想象信息科技和互联网将使我们的生活发生怎样翻天覆地的变化。这就是知识的力量。如今，我们已经掌握了足够的知识，可以证明在未来的 25 年里，气候变化会改变你生活的方方面面。本书将会为你阐述相关内容。

气候变化已成为关乎人类生存的问题。气候灾害的影响已蔓延至世界各个角落。科学界在 2014 年发表的多篇科学报告都表明，如果人类不采取更强有力的应对措施，气候变化必将造成更严重的后果。

你个人和家庭都难免受到气候变化的影响,因此无论政治立场如何,所有人都应该了解一些气候变化的基本知识。在未来几十年,人类活动造成的气候变化将会影响你和你的家庭的诸多重大决定。你应该在沿海地区买房吗?你退休后是否还可以在佛罗里达州南部、美国西南部或是地中海沿岸养老呢?在全球变暖的背景下,哪些职业和研究领域将最受欢迎?气候变化会影响你的投资策略吗?

本书还会回答一些更为基础的问题,如为什么气候学家如此确信人类行为是造成地球变暖的主要原因?气候变化加剧了哪些极端天气,又对哪些影响甚微?飓风"桑迪"(Sandy)和"哈维"(Harvey)是否由气候变化造成?(以及为什么这是一个错误的问题?)如何应对核心能源(煤、石油等最主要能源)引起的气候变化?既然气候是不断变化的,我们为什么要对现在的气候变化有所担忧?中国、印度、美国和欧盟作为温室气体的主要排放者,它们采取了怎样的行动以减少温室气体排放?什么是《巴黎协定》(The Paris Agreement)?它为什么如此重要?

此外,本书首次回答了气候变化领域最重要的问题:"如果长期生活在 21 世纪预计会达到的高浓度二氧化碳中,人类健康或认知是否会受到直接影响?"你可能会认为这一问题早已被研究清楚,尤其考虑到已经有相当多的人长期处于二氧化碳浓度达到此种水平的室内环境中。但实际上直到最近,科学家才开始进行相关研究。更令人吃惊的是,最近的研究,包括劳伦斯伯克利国家实验室(Lawrence Berkeley National Labora-tory)和哈佛大学公共卫生学院在内的机构的学者们更倾向于认为人类健康会受到直接影响,这对你个人和家庭目前的生活有着重要的警示意义。

很多情况下,你不用特地去了解气候变化的相关知识。地球臭氧层(一层罩在地球外面、可以保护我们不受致命的紫外线侵害的气体)变化的例子可以让你体会到这一点。1974 年,气候学家们首次指出氯氟碳化物(chlorofluorocarbons,CFCs)会破坏臭氧层。此后,美国和斯堪的纳维亚国家针对使用氯氟化碳喷雾剂颁布了长达 5 年的禁令。此后几年,美国时任总统罗纳德·里根(Ronald Reagan)、时任副总统乔治·W. 布什(George W. Bush),以及英国时任首相玛格丽特·撒切尔(Margaret Thatcher)都在制定"禁止使用氯氟碳化物"的国际条约上发挥了关键作用。经过了数十年,臭氧层得到了有效保护,而你可能并不了解其中的曲折故事。

然而气候变化却有些不按常理出牌。100 多年前,科学家就已经知道人为排放的二氧化碳会导致地球变暖。早在 40 年前,气候学家便敲响了警钟,预言无限制地使用化石燃料并排放二氧化碳会带来严重后果。1977 年,美国国家科学院(National Academy of Sciences)[1]的研究表明,无限制地排放二氧化碳会使全球气温升高约 5.5 ℃,海平面上升约 20 英尺[2]。

1988 年,世界各国顶尖的科学家齐聚一堂,一同交流最新的研究进展和观察结论。政府间气候变化专门委员会(Inter-governmental Panel on Climate Change,IPCC)也应运而生,旨在为政策制定者提供最好的科学参考。近年来,全球气候的观测结果和早年间气候学家的预测大体吻合,科学结论也因此越发使人信服。

但是一些主要气候要素的变化速度远比科学家预测的要快。北极海冰减少的起始时间比政府间气候变化专门委员会报告中气候模型最悲观的估计都要早几十年,这也说明北极地

---

[1] 美国国家科学院,是由亚伯拉罕·林肯(Abraham Lincoln)签署创立的,汇集了全美最具声望的科学家来为美国的科学议题担当顾问。——译者注

[2] 1 英尺≈0.30 米。——译者注

区的升温速度比科学家估计的更快。著名气象学家理查德·
阿利(Richard Alley)在 2005 年提出,格陵兰和南极洲的巨大
冰盖全部融化可以使全球海平面上升 25～80 米,而这些冰
盖开始融化的时间"比预计时间早一个世纪"。2014 年至
2017 年,我们发现冰盖没有想象的那么坚固,它们已接近融化
的临界点,随时可能发生不可逆转的崩塌,造成海平面急剧
上升。

　　近几年,我们经历了前所未有的大规模极端天气,如热浪、
干旱、自然火灾、极端风暴和风暴潮。气象学家、前"飓风猎人"
气象侦察机驾驶员杰夫·马斯特斯(Jeff Masters)博士在 2012
年说:"现在的自然环境已经跟我小时候的很不一样了。"无数
科学文献都清晰地表明,温室气体从根本上改变了地球气候,
并直接触发了多种极端天气。

　　因此,政府间气候变化专门委员会、美国国家科学院、英国
皇家学会(United Kingdom's Royal Society)以及其他科学和
国际组织共同发声,警告政府在气候问题上的不作为会导致极
为危险的后果,并强烈呼吁各国政府采取相应行动。尽管这些
警告和呼吁的确引发了关于气候变化的新一轮全球对话,但人
为的温室气体排放量仍在不断攀升。实际上,自 2000 年起,温

室气体排放量便在持续快速增长。

由于温室气体的持续排放导致全球气温升高和其他影响，地球一直处于气候变化的最糟糕的情形之下。由于各国政府无法及时落实那些提供给政策制定者的科学报告中提出的相关要求，越来越多的科学家选择直接与公众对话的方式发出警示。2010 年，俄亥俄州科学家朗尼·汤普森(Lonnie Thompson)解释了为什么气候学家逐渐开始发声："显然，我们都相信全球变暖已经对当今文明造成了威胁。"

目录

3　预估气候的影响　　　　　　　　　　115

6　清洁能源的作用　　　297

1 气候科学的基本知识

本章聚焦于气候科学及其应用，包括迄今观测到的气候变化和其成因。

本章将回答人们通常会问到的主要科学问题。

什么是温室效应？ 它如何给地球"加温"？

温室效应使地球上的生命存在成为可能。人类对温室效

给地球"加温"的温室效应
Photo by Lesserland on Wikimedia Commons

应的形成机制已了解得十分透彻：太阳以电磁波谱的形式向外传递高强度的辐射，包括紫外线和红外线，其能量峰值主要集中在可见光。太阳辐射射向地球，大约有 1/3 直接被大气和地表（陆地、海洋和冰川）反射回太空，剩余大多数则被地表吸收，其中以海洋尤甚。这一过程会使地球增温。地面则以红外辐射的形式，再次释放地表所吸收的大部分能量。

大气中自然产生的某些气体能够吸收部分红外线，却使得可见光几乎毫无阻拦地射向地球。水蒸气、甲烷和二氧化碳等温室气体可以吸收地面辐射，就像给地球盖上了一层厚厚的棉被，将气温控制在适宜人类生存的 15.5 ℃以上。

250 年前，正值工业革命的开端，地球大气中二氧化碳的体积分数约为 280×10^{-6}。此后，人类向大气中排放了数十亿吨温室气体，以致越来越多的热辐射无法散逸。其中，最主要的人为排放的温室气体是二氧化碳，且其排放量还在飞速增长。现在，二氧化碳排放总量约为 1950 年的 6 倍，体积分数已达到 400×10^{-6}。

因此，当前地球平均气温相对 1900 年增暖了 0.85 ℃，且大部分增暖（约 0.5 ℃）发生在 1970 年以后。

科学家为什么坚定地认为气候系统正在变暖?

科学家断然指出,"气候系统变暖是毋庸置疑的事实"。越来越多的观测数据表明气候变暖是高度可信的。

政府间气候变化专门委员会由各国顶尖气候学家组成,旨在提供与气候变化相关的评估。2007 年,该委员会发布了第四次评估报告,总结了数以千计的科学研究和不计其数的观测现象,得到世界上绝大多数国家政府的认可。报告指出,气候系统变暖"是毋庸置疑的,从全球平均气温和海水温度升高、大范围冰雪融化、全球平均海平面上升等观测资料中可以看出,这是显而易见的事实"。

科学基于观测,因此对其结论可做出修订。一方面,不断出现的新证据会减弱现有理论的可信度。另一方面,正如美国国家科学院在 2010 年的《推进气候变化科学》报告中所写的:

一些科学结论或理论经过严谨的思考论证和实验检验,并由很多相互独立的观测结论支持,所以其错误的可能性微乎其微。这样的科学理论便成为我

们所说的"既定事实"。地球气候系统由于人类活动
而逐渐变暖便是典型案例。

科学家认为全球变暖是既定事实,是因为所有证据均指向
这一结论。20 世纪 80 年代曾是地球有史以来最暖的 10 年,
而 20 世纪 90 年代打破了这一纪录。气候持续变暖,2000 年
至 2010 年又成为有历史记录以来最热的 10 年。1998 年、
2005 年及 2010 年曾是气候记录中最暖的 3 个年份,这些纪录

被洪水淹没的汽车
Photo by Chris Gallagher on Unsplash

在 2014 年被打破。随后的 2015 年又突破了 2014 年的纪录，之后 2016 年又超过 2015 年成为有记录以来最热的年份。

　　过去的几十年里，不仅海洋表面温度升高，海水热含量也逐年上升。由于海洋升温、海水蒸发加快，空气湿度不断升高，暴雨、洪水等灾害频发，这与科学家所观测到的情况相符。植物和动物的生活习性也因为全球变暖而改变。春天比往年都来得早，许多植物开花的时间也不断提前。动物和植物一起开始向两极或高纬度地区迁徙或转移。随着全球平均气温的不断升高，科学家预测长时间、高强度的热浪将会频繁出现在世界各地。这一推论也已得到证实。在第 2 章，我们将会具体了解全球变暖导致的极端天气事件。

全球变暖如何引起海平面上升？　现今的观测结果是什么？

　　海平面上升是全球变暖最显而易见、最危险的后果之一。20 世纪以来，人类活动导致的全球变暖已使海平面上升了几英寸①。自 20 世纪 90 年代初以来，海平面便以年均0.12英寸

---

①　1英寸≈2.54厘米。——译者注

的速度上升,是之前 80 年平均增速的 2 倍,这是因为导致海平面上升的主要因子在加速变化。

一份 2014 年公布的研究报告阐述了导致海平面上升的 5 种最主要因素:

(1)海水热膨胀;

(2)地下水储量变化;

(3)山地冰川消融;

全球变暖引起冰川消融,并导致海平面上升
Photo by L.W. on Unsplash

（4）格陵兰冰盖消融；

（5）南极冰盖消融。

海洋由水组成，而水温升高时会发生体积膨胀，因此全球变暖会导致海平面上升。过去的100年中，大约有一半的海平面上升是由海水热膨胀导致的。此外，人类抽取大量的陆源水，尤其是地下水（位于地下含水层），用于农业和生活。这些水资源在使用后不会全部回到地下含水层，而是大部分流入大海，导致海平面上升。

山地冰川融化也会导致海平面升高。全球约有90％的陆地冰川的体积正在缩小。这些陆地冰川融化后汇入海洋，导致海平面上升。自20世纪90年代中期以来，全球累积冰川总量正以惊人的速度减少，这与海平面上升增速超过2倍的现象相契合。

地球上有南极冰盖和格陵兰冰盖两大冰盖。格陵兰冰盖的覆盖面积与墨西哥的国土面积相当，最厚处约为2英里①。如果格陵兰冰盖全部自然融化，全球海平面将会上升超过20英尺。基于卫星和飞机观测的数据，美国国家航空航天局

---

① 1英里≈1.61千米。——译者注

(National Aeronautics and Space Administration，NASA) 和
欧洲航天局 (European Space Agency, ESA) 的科学家们于
2012 年共同发布了"迄今为止最全面、最精确的格陵兰冰盖和
南极冰盖消融的评估报告"。报告表明，从 20 世纪 90 年代中
期至 2011 年，格陵兰冰盖的融化速度是之前的将近 6 倍。
2012 年，格陵兰春夏季出现了异常高温。美国国家航空航天
局的卫星图显示："当年 7 月中旬，整个格陵兰冰盖表层居然有
97％的面积已经融化。"科学家在接受美国广播公司新闻

冰川
Photo by Derek Oyen on Unsplash

(ABC News)采访时表示,他们从未见过如此惊人的现象。另一份研究表明,雅各布港冰川(Jakobshavn Glacier)作为格陵兰最大的冰川,正不断地将陆地冰移至海洋,其年均移动速度超过 10.5 英里,约为每天 150 英尺。研究者指出:"这似乎是格陵兰或南极洲上流动最快的冰川。"2014 年,研究人员利用欧洲航天局克里塞特-2(CryoSat-2)卫星提供的数据绘制了格陵兰冰盖图,详细地展示了冰盖高度的变化情况。研究表示,自 2009 年至今,格陵兰冰盖的融化速度已经翻倍,达到每年 375 立方千米。

南极冰盖的覆盖面积远大于格陵兰冰盖的覆盖面积,甚至比美国或欧洲的面积都大,其平均厚度约为 1.2 英里,占世界陆地冰量的 90%。如果全部融化,全球海平面将会上升约 200英尺。由于西南极冰盖大多位于海平面之下,地基面可达 1.2英里之深,所以我们通常认为它不太稳定。西南极冰盖从地下开始融化,随着全球变暖,其将变得更加不稳定。不远的将来,冰川的消退会使海平面上升陷入恶性循环:海平面上升使海冰上升,相对温暖的海水便流入冰面以下,造成冰盖底部融化,冰架消失,冰川运动增快,因而海平面进一步上升。2012 年发布的一份研究报告表明,南极冰盖的消融速度在 2000 年后的 10

年间上升了 50％。2014 年,研究人员利用欧洲航天局"Cryo-Sat-2"卫星提供的数据,制作出全球首份全面的南极冰盖海拔变化评估报告。该报告指出:"此前 3 年多的卫星数据表明,南极冰盖正以每年 1590 亿吨的速度消融,这一速度是上一次调查时的 2 倍。"2014 年的两份重要的研究报告表明,一些西南极冰盖的缓慢崩塌已经达到不可逆转的临界点。其中一位作者解释道:"不断涌入冰川下部的温暖海水是南极冰盖出现如此大范围消融的主要成因。"

耗时 21 年,研究人员终于在 2014 年底发布了全面的西南极洲阿蒙森海湾冰盖融化速度分析报告。阿蒙森海湾和得克萨斯州面积相当,其冰川消融也是南极洲海平面上升最主要的原因。在这 21 年里,其年均冰川融化量高达 830 亿吨,约为珠穆朗玛峰 2 年冰雪融化重量的总和。分析报告的执笔者之一伊萨贝拉·维利科格纳(Isabella Velicogna)说:"冰川消融加快的速度令人吃惊。"一篇 2016 年发表的关于过去 3000 年海平面上升情况的研究论文认为,"20 世纪海平面的上升速度非常有可能高于之前 27 个世纪中的任何一个世纪。"这篇题为《公元以来温度驱动的全球海平面高度变率》的研究论文认为,如果没有人类活动造成的温室气体排放的影响,20 世纪海平面上升的高度可能不及现实情况的一半,甚至有可能根本没有变化。

人类行为造成的温室气体都跑去哪儿了?

水可以吸收大量的热量。最新的气候科学研究发现,超过90%的人为温室气体排放产生的热量都跑去了海洋。大气储存热量的能力较差,只能储存约1%。陆地的储热能力也大大低于海洋,大约有2%的热量储存于陆地中。

因此,根据几项主要研究,近年来海洋的迅速升温不足为奇。科学家主要通过全球海洋观测浮标、深海温度计(小型水下测温探头),以及诸如海面高度和温度等相关数据来分析海洋温度的变化。2013年的一份研究报告发现,自1999年,海洋上层700米深的海洋热含量便有"持续增加的倾向"。过去的15年间,全球变暖要比此前的15年增速更快。该报告的作者总结:"现今海洋上层700米深的海洋变暖速度之快是前所未有的",至少比近50年都要快。深海变暖也进一步"加剧了海洋变暖的趋势"。一份2014年的研究报告表明,自1970年以来,海洋上层700米深的水体变暖速度也比之前预计的速度快55%。

　　2015 年,美国国家海洋大气局(National Oceanic and At-
mospheric Administration,NOAA)发布了过去 60 年间全球
海洋热含量的变化趋势(见图 1.1)。

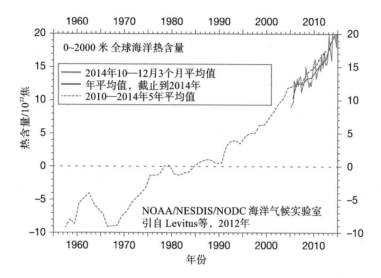

**图 1.1　海洋(全球变暖 90％的热量储存的地方)近几十年来迅速变暖,且
　　　近年来变暖没有减弱的迹象**

数据来源:美国国家海洋大气局。

气候变暖的原因是人类活动还是自然因素？ 哪个所占比重更大？

科学研究表明，自 1970 年以来，所有的气候变暖都是由人类活动造成的。2013 年 9 月，政府间气候变化专门委员会发布了第五次评估报告的第一工作组报告，总结了与主要气候变化相关的科学文献，并得到世界上绝大多数国家政府的认可。

该委员会认为，"人类活动引起的变暖最佳估计值与这个时期(1951—2010 年)观测到的变暖现象是相似的"。换言之，基于科学文献里的观测和分析研究得知，1950 年以来我们经历的所有变暖也都是人类活动造成的。

这些顶尖科学家十分确信人类活动对全球变暖的影响，因为大多数影响全球温度的因子本应该使地球降温。如果没有人类活动导致的气候变暖，地球可能在近几十年已经变冷了。太阳活动对于全球温度也有着缓慢的、周期性的调节作用。2009年，美国国家航空航天局观测到太阳正处于"前所未有的活动低谷"，通常这也会稍微为地球降降温。此外，近年来的火山活动形成的火山灰也会阻挡一部分阳光。最后，地球轨道的长期变化也可以微弱地调节气候。这些自然因素都对气候变化有着微弱影响,但人类活动才是全球大幅变暖背后的最强推手。

气候学家到底有多确定人类活动是气候变暖的罪魁祸首?

气候学家确信人类活动是造成全球变暖的主要原因,这种结论就和吸烟有害健康一样被广为认可。研究表明,约 97%

火山喷发
Photo by Marc Szeglat on Unsplash

的气候学家认为人类活动会导致全球变暖。美国科学促进会（American Association for the Advancement of Science, AAAS）是世界上最大的科学联合体,其气候科学专家委员会于 2014 年 3 月发布了名为《我们所知道的:气候变化的真相、风险与响应》的报告,并于其中写道:

> 人类活动之于气候变化,正如吸烟之于肺部和心血管疾病。内科医生、心血管科学家和公共卫生专家一致同意吸烟会导致癌症。这一健康领域的共识使美国人相信吸烟导致的健康风险是真实可信的。气候学家最近也达成了类似的共识:气候变化正在发生,而人类活动是其主要原因。

气候学家如何确定近期气候变化主要是由人类活动引起的?

气候学家确信人类活动是全球变暖的罪魁祸首。美国国家科学院和英国皇家学会于 2014 年共同发布的一份研究报告指出:"对物理机制的理解、对模式和观测的比较、对于人类活动和自然影响分别导致的气候变化模态与现实情况的比对均指向同一结果,即人类活动导致全球变暖。"

我们已经观测到大气中的二氧化碳的体积分数从 18 世纪中期(工业革命前)的 280×10^{-6} 升至当今的 400×10^{-6},增幅约 40%。而 1970 年二氧化碳的体积分数仅为 325×10^{-6},这表明二氧化碳浓度的增长主要集中在最近 50 年,这恰好与现代工业的飞速发展、能源的密集利用导致二氧化碳排放猛增的时间段相吻合。此外,如果只考虑已观测到的自然因素变化,如火山喷发和太阳活动减弱,那么自 1900 年以来的气候变暖将变得无法解释。正如上文所述,如果没有人类活动,地球或许正处于降温期。如果将燃烧化石燃料排放温室气体的人类活动考虑在内,那么已观测到的气温变化就和科学家所预期的结果相吻合。

最近几十年,我们观测到气候变化中的"人类印记"不止于此。科学家探测到大气中一些种类的碳(特定比重碳同位素)含量增加,这些大多源自化石燃料的燃烧,而森林退化等其他来源只占很小的比重。美国国家科学院和英国皇家学会强调:"已观测到的地表升温、大气温度变化、海洋热含量增加、空气湿度增加、海平面上升、陆地和海洋冰川消融增加等现象,与科学家所预测的人类活动导致二氧化碳浓度升高所带来的变化一致。"气候科学研究表明,如果气候变暖是由不断增加的温室气体造成的,那么低层(对流层)大气温度会升高,而高层(平流层)大气温度会降低,低层与高层之间的界线(对流层顶)将不断升高。这些推论都已经得到了证实。假如气候变暖是由不断增强的太阳辐射所导致的,那么平流层和对流层应当同时变暖,但事实并非如此。

那温室气体是怎样和全球变暖联系起来的呢?"科学怀疑"(Skeptical Science)网站总结如下:

(1) 卫星探测到散失到太空的红外线辐射越来越少,尤其是可为二氧化碳所吸收的辐射,这是"地球温室效应正不断增强的直接实验证据"。

(2) 如果逸散到外太空的红外线减少了,那它们都去哪儿了呢?它们重新回到了地表。地表已经观测到不断增加的红外线辐射。研究者进一步发现,返回地表的辐射多来自二氧化碳可吸收的波长范围。因此,这些实验证据可以给气候变化怀疑论者所谓"没有可以将温室气体的增加和全球变暖联系起来的实验证据"的论调重重一击。

所以，我们确信人类燃烧化石燃料会导致二氧化碳浓度升高。我们确信不断增多的温室气体将越来越多的热量截留在大气中，这印证了气候学家长期以来的预测。我们还确信，全球变暖带来的恶果也将与气候学家的预测一致。

最后，科学家确信人类活动导致气候变化，并不仅仅因为近几十年来气候变化的方方面面都与气候学家所预测的人类活动导致温室气体增加的结果相吻合，还因为现今并没有其他理论可以解释全部的观测结果。此外，替代理论不仅需要为地球升温及其他环境变化提供解释机制，而且必须要想出一种迄今未知的合理解释来否认人类活动导致全球变暖。

在以前没有人类活动产生温室气体排放时，为什么气候也会发生变化？

过去的气候变化主要受到外部变化的驱使，通常我们称其为"气候强迫"。这些强迫包括太阳辐射强度的变化、火山喷发（通常会造成短时间降温）、迅速释放的温室气体和地球轨道的变化。

其中，"冰期—间冰期旋回"是过去 80 万年间气候最重要

的变化。2014 年,美国国家科学院和英国皇家学会研究发现:
"地球轨道轻微的变化就会影响太阳辐射在地球表面不同纬度
和季节间的分布"。

重要的是,全球气候并不是内在稳定的。杰出的气候学家
华莱士·布洛克(Wallace Broecker)于 1995 年在《自然》杂志
中写道:"古气候记录已经发出警告,地球的气候系统是头猛
兽,即便微小的变化都会使其发生剧烈反应,就更不要提保持
自身稳定了。"

以古气候记录中最近一次冰期为例,科学家钻取了不同的
冰芯样本,绘制出如图 1.2 所示的变化曲线。图中上部曲线是
过去 80 万年间大气中二氧化碳的体积分数,下面一条曲线是
同一时期南极温度的变化。深冰层中捕捉到的微量气体可以
同时反映温度和二氧化碳体积分数的变化。

通过这些数据,我们可以得出如下结论:如果地球起初是
由于外部强迫(如轨道变化)变暖,那么变暖的速度会非常快。
这也说明了气候系统会放大起初的自然变化,因此起初局部的
增温便会导致大规模的变暖。

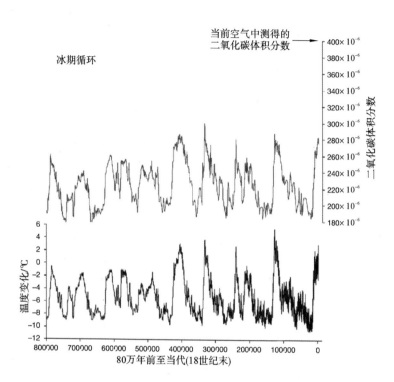

图 1.2　历史二氧化碳体积分数和根据南极冰芯重建的过去 80 万年的温度

数据来源：美国国家科学院。

什么是气候系统反馈放大效应？ 大规模变暖是由起初的局部变暖触发的吗？

长期的历史记录表明，一旦某种外部强迫开启了变暖的过程，反馈放大效应会不断增强变暖的效应，还会加快其过程。古气候记录显示，起初的强迫可能只是温室气体的排放或是地球轨道的变化，这会导致地球某地的太阳辐射增强。

随着地球变暖，海冰和陆地冰的外沿都在变小，这是反馈放大效应产生的一项重要诱因。这样一来，蓝色的海洋或深色的陆地取代了原先高反照率的白色的冰，因而吸收了更多的太阳辐射。正如夏天黑色沥青路面或停车场总会热得发烫，海洋和陆地要比冰雪升温快，这会进一步导致更多的冰层消融。因此，地球总体反射率（反照率）会下降，温度将快速升高，尤其是在两极地区更加明显。这一关键的快速反馈结果是"极地（北极）放大效应"的一部分。于是，北极的升温速度高达其他地区的2倍。这也是以下现象发生的重要原因：2014年夏季，北极冰量比1979年同期下降了80％；格陵兰冰盖的融化速度也比过去20年的平均水平增长了5倍多。

水蒸气是反馈放大效应的另一个重要诱因。全球变暖导致蒸发作用增强,空气中的水蒸气也随之增多。水蒸气是一种温室气体,其储热能力非常强。因此,不断增多的水蒸气会加剧变暖,这又导致了水蒸气进一步增多。2008 年的一篇分析文章指出,地面气温变化及其造成的低层大气中水蒸气的变化可以说明"水蒸气反馈和观测结果产生强正相关",并且"与气候模型模拟结果相吻合"。文章第一作者、得克萨斯农工大学大气科学系气候学家安德鲁·德斯勒(Andrew Dessler)教授指出,这一结论是"明确的"。其分析包括:

> 水蒸气的强正反馈机制说明,如果按照正常排放情景所预计的碳排放量,到 22 世纪全球气温定会升高好几摄氏度。阻止这一切发生的唯一途径是气候系统中能够出现一种足够强大但迄今未知的负反馈机制。

至今人类也没能发现这样一种能持续数十年的负反馈。相反,我们反而发现了更强的正反馈,其中最重要的是,温室气体增多导致的全球变暖会进一步增加温室气体排放量。例如,气候变化造成更多的森林火灾,树木燃烧会释放出更多的二氧化碳,这种正反馈机制会加剧气候变化。更重要的是,研究表明全球变暖会导致土壤、海洋和冻原(永久冻土)释放出更多的二氧化碳和甲烷,二者都是强温室气体。这种正反馈不仅会使21世纪的预期温度升高,也可能最终决定变暖会对我们所居住的星球造成怎样的灾难。相关具体内容我会在第3章中进行详细阐述。

当前大气中二氧化碳的高浓度是人类历史上前所未有的吗?

如今大气中二氧化碳的体积分数已经超过了 400×10^{-6}。美国国家科学院和英国皇家学会于2014年解释道:"近百万年以来,现代人类逐渐进化,社会开始发展。除了二氧化碳绝对浓度达到了现代人类历史上前所未有的高度外,其变化速率也达到了历史新高。"从现代人类解剖学的角度分析,智人起源不超过20万年。正如图1.2所示,即使在那时,甚至回溯至80万年前,二氧化碳的体积分数也从未超过 300×10^{-6}。

上一次地球大气中二氧化碳的体积分数超过 400×10^{-6} 还是几百万年前的事情,早在智人出现之前。那时的地球温度要比工业革命前高出 2～3 ℃,海平面也比现在高出 50～80 英尺。《科学》杂志于 2009 年刊载的一篇分析文章表明,二氧化碳的体积分数于 1500 万年前至 2000 万年前达到过 400×10^{-6},当时全球温度比现在高出 3～5 ℃,海平面比现在高 75～120 英尺。所以现今的二氧化碳浓度会导致温度快速升高和海平面上升,也不足为奇。

除了二氧化碳绝对浓度达到了现代人类历史上前所未有的高度外,其变化速率也达到了历史新高。二氧化碳浓度的变化速率事关重大。首先,二氧化碳浓度增长越快,地球增暖越快,气候变化也就越快,留给人类和其他物种反应的时间就越短。气候变化得太快,如果我们不采取行动,那么等到 2050 年以后,再想寻找到适应方案将会变得尤其困难。其次,地球上确实有一些非常缓慢的自然过程(如负反馈)可以降低大气中二氧化碳的浓度,但其时间跨度长达数万年,才能使地球系统处于平衡状态。如果二氧化碳浓度过高,超出了自然系统可以吸收的容量,反而会导致气候系统变暖,引发反馈放大效应,促使大自然释放出更多的二氧化碳。

一篇于 2008 年发表在《自然·地球科学》杂志上的文章声称:"我们现在向大气中排放的二氧化碳是过去 60 万年间的

1.4 万倍,远比自然负反馈吸收的速度要快。"作者总结道:"现在我们已使整个地球系统完全失去了平衡。"

最近的气候变化是人类历史上前所未有的吗?

稳定的气候是现代文明进步、全球农业发展和维持全球庞大人口基数的基础,现在全球总人数已超过 70 亿。空气中二氧化碳浓度已经达到了历史新高,那么眼下出现人类历史上前所未有的气候变化便也不足为奇。

直到 20 世纪,在之前的 1.1 万年间,全球气温变化非常缓慢,其几千年间的变化几乎不超过 0.56 ℃。政府间气候变化专门委员会在 2014 年发表了一份综合报告,该报告是基于 3 万项科学研究成果总结而成的,其中总结道:"气候系统变暖是毋庸置疑的。自 20 世纪 50 年代以来,许多被观测到的变化在以前的几十年至几千年间是前所未有的。"2012 年,在美国国家科学基金会(National Science Foundation,NSF)的支持下,科学家重建了过去 1.1 万年间的全球气温记录。研究表明:"在过去的 5000 年中,地球平均温度降低了大约 0.7 ℃。直到过去的 100 年,温度又升高了约 0.7 ℃。"简而言之,主要由于人类活动排放的温室气体,全球气温变化速度比现代文明和农业发展时期快了 50 倍。当时的温度条件下,气候条件和海平面高度均十分适宜生产和生活。

2013 年,全球海洋状况研究会(International Programme on the State of the Ocean, IPSO)的科学研究表明,海洋酸化增速也已达到了"前所未有"的状况。海洋约吸收了人类排放二氧化碳总量的 1/4。二氧化碳溶于海水中,形成碳酸(H_2CO_3),导致海洋酸化。因此,当前海洋酸度比过去 3 亿年都高。2010 年的一项研究表明,5500 万年前海洋酸化曾造成海洋生物的大规模灭绝,而当今海洋酸化速度要比那时还快 10 倍。

最近由人为因素造成的气候变化的发展速度与气候学家预测的是否一致?

大多数人为造成气候变化的影响都在气候学家的意料之中,但一些重要影响的发展速度却比预测的要快得多。

拿北极冰盖来说,自 2000 年以来,北极海冰开始减少的时间要比政府间气候变化专门委员会的任一模型模拟的时间都提前几十年。模型预测北极海冰或在 2080 年迎来无冰夏季。

但是仅在 1979 年至 2012 年间，北极夏季海冰体积就减少了 80％。

同样地，21 世纪初，科学家还预测 21 世纪内格陵兰冰盖和南极冰盖的消融不会造成海平面大幅度上升。然而，我们却观测到海冰融化的速度出乎意料地快。即使这不是海平面上升的最主要因素，也是主要因素之一。

2012 年，《环境研究快报》杂志发表了题为《对 2011 年之前气候观测值与气候变化预测的比较研究》的文章，确认气候变化的速度和政府间气候变化专门委员会预测的相当，甚至在某些方面更快，"海平面上升速度比政府间气候变化专门委员会第四次评估报告预测的要快，而全球气候变暖趋势与其预测的相符"。文章特别指出，当前海平面上升的速度比政府间气候变化专门委员会第四次评估报告预测的快了 60％。"海平面上升的速度不像是短期事件所导致的格陵兰和南极海冰融化，或是气候系统的其他内部变化所造成的，因为它与全球气温变化有显著的正相关。"该文章的主要作者、德国波茨坦气候影响研究所（The Potsdam Institute for Climate Impact Research，PIK）研究员斯特凡·拉赫姆斯多夫（Stefan Rahmstorf）说道："政府间气候变化专门委员会的报告并未起到警示作用,且大大低估了可能存在的危险。"

全球变暖与气候变化有什么区别?

全球变暖通常指人们观测到的、人类活动排放二氧化碳所导致的升温。气候变化指气候系统中各方面长期变化的总和,包括海平面上升、极端天气和海洋酸化等。

1896 年,瑞典科学家斯万特·阿伦尼乌斯(Svante Arrhenius)预测说:"如果我们使大气中的二氧化碳的体积分数升高至工业革命前的 2 倍,至 560×10^{-6},地球温度将会上升好几摄氏度。"1975 年,气候学家华莱士·布洛克(Wallace Broecker)在《科学》杂志上发表名为《气候变化:我们是否正处于全球变暖的边缘?》的文章,首次使用"全球变暖"这一名词。1988 年 6 月,美国国家航空航天局科学家詹姆斯·汉森(James Hansen)在美国国会听证会中发言表示:"全球变暖已经达到一定程度,我们十分确信温室效应和已经被观测到的升温有着因果关系。"从此,"全球变暖"这一术语更为流行。

"climate change"(气候变化)这一术语的出现最早可以追溯至 1939 年。其相关术语"climatic change"(气候变化)是由吉尔伯特·普拉斯(Gilbert Plass)在1955年发表的名为《二氧化碳与气候变化》的文章中首次提出的。1970年,美国国家科学院院报刊载了《二氧化碳和其在气候变化中的角色》一文。1988年,世界主要国家政府联合建立了政府间气候变化专门委员会。该委员会的顶尖科学家和气候学家每隔几年对科学文献进行审查,总结气候变化的有关知识。

比起"全球变暖","气候变化"或"全球气候变化"通常被认为是"更精确的科学术语"。2008年,美国国家航空航天局解释道:"降水分布和海平面的变化对人类的影响往往比温度上升要深远。"试想近几十年来科学家观测到的包括海洋酸化、自然火灾和更频繁的洪水等在内的变化,气候学家更倾向于使用"气候变化"这一名词。过去的几十年间,全球变暖和气候变化在日常生活中的含义通常可以互换。如今,"变暖"这一现象越来越显著,因此二者通用的趋势在21世纪仍将持续。

什么是引起全球气候变暖的人为因素中最主要的污染源?

二氧化碳是人类活动排放的最主要的温室气体。以美国为例,燃烧包括煤炭、石油和天然气在内的化石燃料是美国温室气体的主要来源。2012 年,美国二氧化碳排放量占全部温室气体排放量的 82%。超过 90% 的人为二氧化碳排放来自化石燃料燃烧和水泥生产,其余的来自土地利用不当,例如乱砍滥伐。2012 年,甲烷排放量约占美国温室气体排放量的 9%,而天然气主要由甲烷组成。甲烷的主要来源包括:化石燃料在采掘与运输过程中的泄漏、牲畜(比如牛)、垃圾掩埋场中腐烂的有机废物和一些农业活动。氧化亚氮(N_2O)排放量占美国温室气体排放量的 6%,其主要来源包括农业、燃烧化石燃料和固体废物。

导致全球变暖的另一个主要污染物是炭黑。炭黑是碳烟和细颗粒物的主要组成部分,可以吸收大量阳光。在美国,超过一半的炭黑排放来自交通运输(移动污染源),其中超过 90% 是柴油机所排放的。燃烧生物质也是炭黑的另一个主要来源,包括自然火灾。生物质燃烧是全球炭黑的最大排放源。炭黑可以吸收大量阳光,改变大气和陆地吸收太阳辐射的总量。特别要注意的是,随着炭黑的沉降累积,冰雪对太阳辐射的反射率(反照率)大大减弱。因此,它们会吸收更多的阳光,促使气温攀升,导致两极地区和格陵兰的冰川加速融化。

乱砍滥伐如何影响全球变暖？

树木和植物吸收大气中的二氧化碳并释放出氧气。这是光合作用的一部分，树木和植物通过吸收光能释放出氧气。因此，这一过程被称作"碳汇"。碳汇是将大气中的二氧化碳含量降低的过程，与燃烧化石燃料等"碳源"相对。

乱砍滥伐不但会导致碳汇减少，而且植物死亡后会自然分解成为新的碳源。砍伐林木往往伴随着焚烧废材，导致大量储存在林木中的碳被释放出来。政府间气候变化专门委员会在2007年的评估报告中总结道：毁林造成的二氧化碳排放量占全球二氧化碳总排放量的17%，乱砍滥伐的现象主要集中于赤道地区，包括巴西和印度尼西亚。

过去的10年间，巴西大幅降低了森林砍伐速度。2004年至2013年，巴西将亚马孙地区森林砍伐速度降低了80%（但这一速度在2014年、2015年和2016年有所攀升）。与此同时，全球通过燃烧化石燃料产生的二氧化碳排放量激增。全球碳计划（Global Carbon Project）指出，毁林造成的温室气体排放量约占当今全部温室气体总排放量的8%。

什么是全球增温潜势？ 它与温室气体有何不同？

大气中各温室气体吸收太阳辐射的能力不同。全球增温潜势 (global warming potential, GWP) 是指某一单位质量的温室气体在一定时间内相对于同一质量二氧化碳吸收太阳辐射总量的能力。因为不同温室气体有着不同的生命周期，即各气体在大气中停留的时长不同，全球增温潜势也会随着时间变化

被砍伐一空的树林
Photo by Dave Herring on Unsplash

而变化。

例如,甲烷的增温效应远强于二氧化碳,尤其是在短时间内。根据政府间气候变化专门委员会于 2013 年发表的评估报告,100 年内,甲烷的增温效应是二氧化碳的 34 倍,所以其百年全球增温潜势为 34。20 年内,甲烷的增温效应达到了二氧化碳的 86 倍。产生这一差别的主要原因是甲烷在大气中的寿命约为 12 年,而二氧化碳的寿命要相对长很多。一些人为产生的二氧化碳甚至可能会在大气中停留几千年。因此为了阻止全球变暖趋势,科学家和政府格外关注二氧化碳,不仅仅因为其在大气中数量庞大,也因为其一经排放,便会在大气中长时间驻足。

百年全球增温潜势是迄今气候变化研究领域运用最为广泛的衡量温室气体增温能力的通用指标。这主要是因为科学家和政府均密切关注长期增温趋势和至 21 世纪末我们将看见的相关影响。但是既然我们已经接近不可逆转的临界点,一些科学家坚持认为我们应当关注较小的时间尺度,例如 20 年。2013 年,政府间气候变化专门委员会在综合报告中总结道:"没有科学证据可以证明百年的时间尺度一定优于其他选择。最合适的指标和时间尺度取决于气候变化研究中特定的应用领域。"

为什么变暖速度在每个"10 年"各不相同？

如果我们只看地面气温，20 世纪全球变暖的速度是不稳定的。有一些"10 年"的升温速度非常快，有一些"10 年"的升温速度相对减缓。

这一变化主要是由于一系列自然和人为的"强迫"导致的总体变暖趋势的短期加速或减缓。这些变量包括太阳活动周期、人为污染和火山喷发产生的颗粒物（硫酸盐气溶胶）以及厄尔尼诺-南方涛动（El Niño southern oscillation），或是厄尔尼诺-拉尼娜循环（El Niño-La Niña cycle）。

厄尔尼诺（El Niño）是指赤道附近太平洋表面异常增温的一种短期气候现象，拉尼娜（La Niña）则是指同一海域海表异常偏冷的现象。这两种现象的出现都会导致世界各地出现极端天气事件。厄尔尼诺现象出现时，通常是热年，因为局部增温会加速全球变暖趋势。拉尼娜现象出现时，全球温度通常较低。

近年来全球变暖是否呈减速或停滞状态？

人类排放的温室气体正在吸收越来越多的热量。地球每天释放出 250 兆瓦的能量，这一数字巨大而抽象。科学家模拟出了日本广岛原子弹爆炸所释放出的能量，现今全球变暖的增速相当于每天引爆 40 万颗广岛原子弹，且一年 365 天不间断。因此全球变暖不但没有减速，反而在不断地增速。

我们已经知道海洋吸收 90％ 的增温，大气只吸收 1％。因此，我们认为对海洋温度的测量应当是衡量全球变暖最准确的标杆，而大气只反映相对一小部分的增暖，还容易受到其他外强迫的干扰。正如之前讨论过的，近期的研究表明海洋上层 700 米在过去 40 年的升温速度远比过去预测的要快，并且"现今海洋上层 700 米的变暖速度之快是前所未有的"，且仍在不断增速，导致"变暖的趋势显著增快"。我们也观测到了北极海冰、南极冰盖和格陵兰冰盖的加速消融，这也是全球变暖不断增速的标志。

虽说地球整体的升温丝毫没有减缓，但我们仍然想知道，近年来地面气温升高是否有所减缓，甚至停止。为什么？答案是否定的,地面气温升高并没有停止。近期地面气温上升速度不断减缓是由于自然和人为强迫对整体增长趋势所造成的短期影响,但这一减缓过程已经结束了。

世界各地有很多组织监控着全球温度数据,包括美国国家航空航天局、美国国家海洋大气局、日本气象厅和英国气象局。英国气象局首先发现增温趋势的减缓与停滞。这是为什么呢?"北极作为全球变暖最为显著的区域,却没有设置固定的气象站,"《新科学家》杂志解释道,"英国气象局哈德利(Hadley)中心缺少北冰洋的数据,美国国家航空航天局则直接假设此地面温度与最近的陆地气象站的相同。"这是我们十分确信地球在过去 10 年间实际的增温幅度远比全球气温记录所报告的要高的原因之一。尤其是英国气象局,采用的是哈德利中心气候研究部门(Hadley Center with the Climate Research Unit,位于英国诺里奇)名为"HadCRUT"的数据。

2013 年 12 月,研究者们发现这些缺失数据是英国气象局认为升温减缓的主要原因。德国气候学家斯特凡·拉赫姆斯多夫总结如下:

英国和加拿大研究员最新发现,过去 15 年间的全球变暖被大大低估了,主要原因是气象站资料中缺少北极地区的数据。如果在数据库中使用卫星观测数据填补北极地区,变暖趋势将会是使用 Had-CRUT4 数据得到的结果的 2 倍以上。先前大范围讨论的"气候变暖减缓"的论点也会因此消失。

如果有 2012 年以来科学家监测和统计的所有数据,你就会发现上一个 10 年中全球地面气温仍在持续升高,但是升温速度比之前的 10 年间稍稍放缓(见图 1.3)。这是为什么呢?2011 年,一项研究剔除了温度记录中的自然气候变率干扰,揭示了真正的全球变暖。这些干扰是"已知短期温度变率对气温的影响,包括厄尔尼诺-南方涛动、火山气溶胶和太阳辐射变化"。研究者们发现,从 1979 年至 2010 年,"变暖速率稳定地高于修正前"。2012 年,拉赫姆斯多夫所在的德国波茨坦气候影响研究所的一项研究发现,"过去 10 年间,海平面上升的速度远比政府间气候变化专门委员会最新的评估报告中所预测的要快,而全球气温变暖趋势与其预测的相符"。对于全球变暖这一议题,拉赫姆斯多夫解释道:"全球增温速度正如政府间气候变化专门委员会之前两份评估报告中预测的一样。这再次表明全球变暖并没有减缓,也并不比预测的速度慢。"这项研究采用了五份全球气温数据集的平均值,并将其和政府间气候变化专门委员会的数据做了比较。

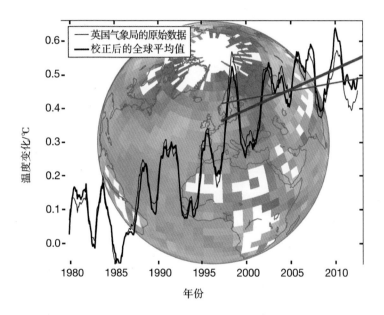

图 1.3　校正后的温度数据(粗线)与校正前的温度数据(细线)

数据来源:凯文·科坦(Kevin Cowtan)和罗伯特·维(Robert Way)。

　　为了更精确地同预测数据做比较,科学家将短期气温变量考虑在内,包括厄尔尼诺事件、太阳辐射变化和火山喷发。早在 20 世纪 60 年代和 20 世纪 70 年代,科学家便预测不断增加的温室气体浓度会导致全球地表气温以每 10 年 0.16 ℃的速度持续上升。研究结果恰好证实了这一结论,并且与政府间气候变化专门委员会所预测的十分接近。

2013 年,一篇发表在《自然》杂志上的研究文章证实了"近年来全球增温减缓的主要原因是拉尼娜现象在热带太平洋的出现"。因此,正如拉赫姆斯多夫所言,"至少有 3 项相互独立的证据确认全球变暖趋势并未减缓,我们面临的将是众多自然变率共同导致的进一步全球变暖。"

当得知 2014 年成为历史上最热年份后,美国国家航空航天局戈达德太空研究所(Goddard Institute of Space Studies,GISS / NASA)所长加文・施密特(Gavin Schmidt)博士于 2015 年 1 月在推特(Twitter)上写道:"有没有证据表明 1998 年后全球变暖趋势有明显变化呢?(答:没有。)"

2015 年 6 月,美国国家海洋大气局的研究人员在《科学》杂志发表文章,确认"没有数据可以表明近期全球变暖有减缓的趋势"。他们的研究表明,根据观测结果,"过去 15 年间,全球变暖的速度与 20 世纪后半叶速度持平,或者更快"。

此外,美国国家海洋大气局的这项研究发表之后,2015 年超过 2014 年成为有记录以来最热的年份。随后的 2016 年又打破了 2015 年的纪录(见图 1.4)。最近几年是史无前例的连续打破纪录的几年。

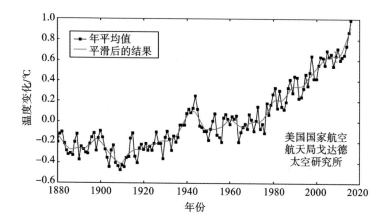

图 1.4 基于陆地和海洋观测数据估计的全球平均温度变化值

注:美国国家航空航天局最新的温度数据清楚表明,最近 20 年地表气温的升高没有"暂缓",而是持续保持很快的增长速度。

2017 年的气温依旧处在高位,并很可能超过 2015 年的纪录,气候学家对近年来持续的高温感到讶异。"就好像 2014 年、2015 年和 2016 年史无前例地连续三年打破高温纪录还不够让我们震惊一样,"著名气候学家迈克尔·曼(Michael Mann)在一封电子邮件中解释道,"现在在没有厄尔尼诺'辅助'的情况下也出现了接近历史纪录的高温,而之前的高温年份通常有厄尔尼诺的贡献。"

美国国家航空航天局最新的温度数据清楚表明,最近 20 年地表气温的升高没有"暂缓",而是持续保持很快的速度。

我们是否能够达到一个临界点,从而此后无论排放多少二氧化碳都不会加剧气候变化?

向大气中排放二氧化碳会导致全球变暖加剧。随着二氧化碳浓度升高,增加的这部分二氧化碳吸收太阳辐射的效率会降低,因此,增暖会继续加快。正如美国国家科学院和英国皇家学会在 2014 年的报告中所指出的:"有关大气对于长波辐射的吸收和发射的实验结果、卫星数据和观测结果证实了二氧化碳会打破地球能量平衡的物理知识是正确的。"报告还阐述了以下内容:

温室气体可以吸收地球释放出的波长在一定范围内的长波辐射,这个范围被称为"强吸收链"。各温室气体吸收的辐射的波长不同。二氧化碳的强吸收链集中于 15 微米波长的辐射,两侧可以各延伸几微米。大气中也存在很多弱吸收链。随着二氧化碳浓度升高,中部强吸收链早已饱和,所以其增温效果减弱。然而,随着弱吸收链和强吸收链集中波长的两侧吸收更多能量,地表和低层大气仍会持续升温。

人类是否已经超过气候系统不可逆转的临界点?

最新科学研究表明,我们的二氧化碳排放量已经接近不可逆转的临界点。而且,至少在一个方面,我们已经超过临界点。

2009 年,美国国家海洋大气局的科学家发表重要报告:"不断升高的二氧化碳浓度产生了不可逆转的影响,导致了气候变化。这些影响要在排放停止后超过 1000 年才能消失。"该研究表示,如果人类仍按照现在的发展模式排放二氧化碳,至21 世纪末,包括降水量减少和海平面上升在内的气候变化的长期影响将会变得不可逆转:

> 如果二氧化碳的体积分数从现在的 385×10^{-6} 上升至 21 世纪末的 $450 \times 10^{-6} \sim 600 \times 10^{-6}$,将会产生不可逆转的影响,包括旱季降水量持续减少、荒漠化严重,以及不可避免的海平面上升。

现在的二氧化碳的体积分数约为 400×10^{-6},体积分数每年升高 2×10^{-6} 以上。按照当前的排放模式,21 世纪末二氧化碳的体积分数将会远远超过600×10^{-6}。但不可逆转并不表示不能停止,尤其是在我们将总体升温控制在 2 ℃以下,二氧化碳的体积分数约为450×10^{-6}的情况下。

2014 年,两份重要的研究报告表明,西南极冰盖的冰川量"已经超过不可逆转的临界点"。埃里克·瑞格诺特(Eric Rignot)是其中一份研究报告的第一作者,也是美国国家航空航天局和加州大学欧文分校的冰川学家。他说:"西南极冰盖这一部分的崩塌似乎无法阻止。"在未来的几个世纪里,其自身溶解将会导致海平面上升约 4 英尺。更为残酷的是,这些冰川是西南极冰盖的重要组成部分,全部溶解将会导致全球海平面升高 12~15 英尺。

海平面上升研究专家、德国波茨坦气候影响研究所地球系统分析主任斯特凡·拉赫姆斯多夫做出以下评论:

> 气候学家在过去几十年间的噩梦已经成真:我们迫使气候系统超过了危险的临界点。此后,冰盖消融可以自我维持,且不能停止,这会给我们的子子孙孙带来无尽烦恼。最新的研究表示,我们已经超过了第一个临界点,但此后还有更多临界点。我认为我们应当尽全力不超过剩余临界点。

2 极端天气和气候变化

极端天气是人类遭遇气候变化最早期的表现。本章聚焦于过去几年中我们所观测到的那些百年一遇（甚至更罕见）的极端天气事件。本章还将阐述极端天气和气候变化究竟有何联系。

天气和气候有何不同？

马克·吐温(Mark Twain)和科幻小说作家罗伯特·海因莱因(Robert Heinlein)等人曾经说过："气候在我们的预期中，而天气则是我们正在经历的。"天气是一个地区短时间内所经历的大气现象。今天热不热？会不会下雨？是晴天还是阴天？气候则是长时间内这些天气状况的统计平均值，通常以几十年为期。这个地区是热带气候还是极地气候？是雨林还是沙漠？这便是天气和气候的区别。

为什么预测长期天气非常困难？因为不论是 1 年后还是 10 年后的任意一天，可能的温度会有几十华氏度甚至几十摄氏度的波动范围。当然，那天也可能会出现强降水或完全没有降水。

气候是长期平均状态,因此准确地预测气候要相对容易一些。格陵兰终年,甚至每个月都比肯尼亚冷得多,而亚马孙地区几乎全年都比撒哈拉沙漠湿润得多。

那些被我们形容为"极端"的天气事件是指一个地区、一定时间内的天气严重偏离常态气候的事件,尤其在事件可以持续几天,甚至几个月,并且分布范围很广的情况下。如果格陵兰出现长达一个月的反常高温,或是亚马孙地区出现持续一个月的反常干旱,我们便可称其为极端天气事件。

天气事件的极端性或罕见性是由其发生频率决定的:十年一遇、百年一遇,或是千年一遇。虽说气候是统计平均值,在几十年的短期内变化很小,但人类活动正在迅速改变气候,创造出一种"新常态"。一些过去百年一遇的风暴现已变成十年一遇。

气候变化将会使干旱和半干旱地区变得更为炎热和干燥,那么我们可以预测包括地中海和美国西南部在内的这些地区遭遇的干旱事件的持续时间将会更长,后果会更严重。最后,我们已经预测到气候将会发生巨变,很多地区的常态气候都会变成干旱。

哪些极端天气事件会因气候变化而加剧，哪些事件则不会？

全球变暖使热浪事件呈现出频率增加、持续时间变长、强度增大的趋势。2012 年的一项重要研究表明，2011 年美国得克萨斯州的极端热浪事件的发生频率要比四五十年前高出 20 倍。

人类活动导致的全球变暖使极端高温日数不断增加，极端低温日数明显减少。因此，虽然我们在世界各地都观测到破纪录的寒冷天气事件，但是极端高温日数与极端低温日数的比率在不断变大。2009 年末，美国国家大气研究中心（National Center for Atmospheric Research，NCAR）发布报告称："最新研究发现，随着气候变暖，过去 10 年间美国大陆地区高温日数达到低温日数的 2 倍。"同样地，2014 年，英国气象局研究发现，自 1950 年以来，全球极端高温日数与极端低温日数的比率显著提高。"2013 年是自 1950 年有气温记录以来高温日数较多的'10 年'之一，也是低温日数较少的'10 年'之一。"

全球变暖会直接导致干旱的程度增加。首先，温度升高导致降水量减少,随之蒸发增多,土壤干燥,进而造成干旱。其次,全球变暖使春天提前到来,冰雪随之融化。美国西部夏季多干燥,升温使得当地主要水库蓄水量大幅减少。最后,气候变化会改变降水模态,导致半干旱地区更加干旱。2012 年,一项针对美国得克萨斯州的研究发现"季节总降水偏少的频率在不断上升"。

气温升高、土壤干旱,以及冰雪提前融化使得森林大火愈发猖獗,其中以美国西部为甚。现在森林火季的持续时间要比过去几十年延长约 2 个月,其波及范围越来越广,破坏力也越来越强。

全球变暖导致空气中的水汽增多,因此潮湿地区将变得更加潮湿,强降水将会变得更严重、更频繁。我们已经观测并认识到,正是人类在北半球的活动造成了这一后果。仅仅在飓风"艾琳"(Irene)袭击纽约州 2 年之后,飓风"桑迪"又给当地带来了巨大损失。纽约州州长安德鲁·科莫(Andrew Cuomo)说:"我们现在每 2 年就有 1 次百年一遇的洪灾。"也就是说,如果气温低到足以降雪,暴风雪就会因为空气中水汽的增加而变强。科学家预测,临近雨雪分界线的地区(如美国中部),暴风雪降临的频率将降低,但其强度可能会增大。这也意味着,暴风雪事件在寒冷地区的强度可能也在不断增大。这看似有悖常理。不过,虽然升温已经导致大气中水汽显著增加,但是这并不意味着当今全球大部分地区的温度都会升至冰点以上。

海水变暖,海洋随之膨胀,包括格陵兰和南极洲在内的陆地冰融化流入海中,导致海平面上升。而海平面上升又可能会使风暴变得更具有破坏力。例如,随着海平面上升,飓风"桑迪"引发洪水灾害的可能性是 1950 年的 2 倍。研究还表明,由于飓风是从温暖海面的水汽中获取能量的,因此最强的风暴会随着海洋变暖而变得更加强大和频繁。一旦飓风形成,温暖的海水便为其提供源源不断的能量。全球变暖对龙卷风形成过程的影响十分复杂,本章后半段将会详细阐述。

自然气候变化如厄尔尼诺-拉尼娜现象如何导致极端天气?

"我们预测,长期的全球变暖会加大自然变率,促使气候变化最严重的后果发生。即使全球气温只是出现微小的变化,地方和区域都会遭到破坏性的损失。"这一结论援引自英国气象局(英国的国家气象服务机构)和英国皇家学会(英国的国家科学院)于 2009 年发表的声明。厄尔尼诺-拉尼娜现象是气候系统短期"自然动态变率"最主要的组成部分,我们在第 1 章中对此有过一些讨论。当今我们观测到的大多数极端天气事件,都是人为导致的变暖和厄尔尼诺或拉尼娜现象共同作用的结果。

在全球变暖和中等强度的厄尔尼诺现象的共同作用下,2010 年曾是气象记录中最热的一年。气象学家杰夫·马斯特斯博士曾表示,2010 年是"自 20 世纪 40 年代末期有可靠的高空气象探测数据以来,全球极端天气最异常的一年"——甚至有可能是自 1816 年以来极端天气最严重的一年[1816 年是可怕的"无夏之年",因为 1815 年印度尼西亚坦博拉(Tambora)火山爆发,北半球夏季出现异常低温]。

我们来看看厄尔尼诺和全球变暖共同造成了什么极端天气事件。首先,2010 年有多达 20 个国家创下高温纪录,这也是有史以来创造新纪录最多的一年,包括"巴基斯坦的气温在 2010 年 5 月达到了 53.5 ℃,刷新亚洲大陆有史以来测量的最高温度纪录"。北极上空的大气环流出现了"有记录的 145 年以来最极端的配置"。正因如此,加拿大经历了历史上最温暖的冬季,气温也刷新了许多纪录。为了保证 2010 年温哥华冬奥会顺利举办,加拿大官方第一次需要动用直升机去别处运雪。2010 年 1 月,美国西南部出现"有记录的 140 年以来的最强低压系统",受影响范围从加利福尼亚州一直延伸至亚利桑那州。该低压系统导致飓风速度超过 90 英里 /时,并伴随着巨大的沙尘暴、龙卷风和暴风雪。2010 年 5 月,田纳西州遭遇史无前例的超级风暴袭击,而该州西部则遭到 500 年一遇的洪水肆虐。在纳什维尔(Nashville)地区,2 天之内的降雨量就超过了 13 英寸,导致了千年一遇的洪灾,刷新了当地 5 月累计降雨量 11 英寸的纪录。

被洪水淹没的田纳西州
Photo by FEMA_David Fine on Wikimedia Commons

同年夏季,致命的热浪席卷了俄罗斯,造成至少 5.5 万人死亡。马斯特斯表示:"此前莫斯科最高温度纪录是 1920 年的37 ℃。但 2010 年 7 月 26 日至 8 月 6 日的 2 周内,这一纪录已至少被追平甚至打破 5 次,7 月 29 日更是高达38.2 ℃。"2010年 8 月,俄罗斯气象中心(Russian Meteorological Center)的官员说:"近千年来,我们经历过的反常天气已能够归纳成册,但没有一次的严重性可以与这次热浪相比。"俄罗斯的小麦产量减少 40%,政府颁布了长达 18 个月的小麦出口禁令,国际市场小麦价格随之上涨,进而导致中东乃至全世界的局势动荡。同年夏天,巴基斯坦遭遇了历史上最严重的自然灾害,近1/5 的国土被洪水淹没,2000 万人无家可归。下半年,由于反复出现暴雨,澳大利亚和哥伦比亚遭遇了历史上最严重的洪涝灾害。2010 年 10 月,美国史上最强风暴袭击明尼苏达州。此次超级风暴并非产生于沿海地区,却在仅仅 4 天之内生成了67 场龙卷风。

2010 年,亚马孙地区遭到百年一遇的旱灾,这种情况已经是 5 年来第 2 次发生了。成千上万的热带雨林随之消失,释放出大量的二氧化碳。一篇发表在《科学》杂志上的研究论文——《2010 年亚马孙干旱》总结道:如果持续发生像"2010 年亚马孙干旱"那样的极端事件,那么我们现在所熟知的亚马孙雨林将会退化,乃至消失。亚马孙雨林是地球重要的碳汇,储存着大量的二氧化碳。若发生旱灾,亚马孙将会转变为巨大的碳源。2010 年 12 月,格陵兰上空的中层大气出现"全球自 1948 年有记录以来最强大的高压脊"。

马斯特斯指出,这些极端天气事件"在过去的 1000 年中有时可能会自然发生"。然而,"在没有强大的气候变化外强迫时,仅在 2010 年和 2011 年上半年如此短的时间之内就出现如此之多的破纪录极端天气事件,几乎是不可能的。现今顶尖的科学研究表明,人为温室气体(如二氧化碳)排放便是造成这种气候变化外强迫的最有可能的原因"。因此,我们正面临着史无前例的极端天气事件,每一次事件都在刷新历史纪录,这些证据足以表明:人类活动导致的气候变化已经对我们的天气造成了显著的影响。

飓风"桑迪"和"哈维"是气候变化的产物吗？ 为什么这是一个错误的问题？

"人们常常问道:'某一个特定的天气事件是否是气候变化

的产物?'这个问题的答案是:这根本是一个错误的问题。"气候学家凯文·特伦伯斯在《气候变化》杂志中写道。他在发表于2012年的名为《试论极端气候事件与气候变化间的联系》的文章中进一步解释道:"所有气候事件都与气候变化有关,因为它们的发生环境比从前更加温暖和潮湿。"

　　气候变化使得一系列极端天气事件的严重性升级。气候变化增加了发生极端天气事件的可能性,因而极端天气事件愈发频繁。气象学家杰夫·马斯特斯于 2011 年 12 月接受美国

飓风"桑迪"卫星图之一
Photo by NASA on Wikimedia Commons

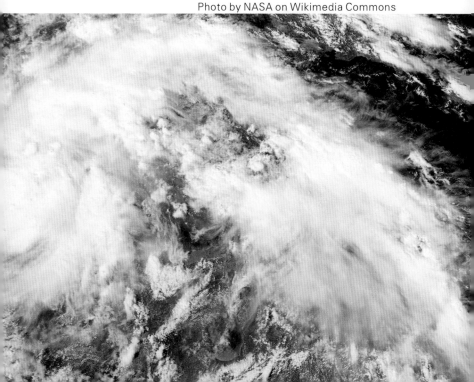

公共电视网(Public Broadcasting Service, PBS)《新闻一小时》节目采访时说:"看看现在致命的热浪、肆虐的干旱,以及泛滥的洪水,这些都是因为人类活动导致全球变暖从而向大气中排放了过多的能量。"我们的气候系统像极了服用了类固醇或兴奋剂的运动员,以惊人的速度不断地刷新着历史纪录。马斯特斯进一步解释道,"我们的棒球队的重击型击球员通常只能完成一个本垒打,然后你让他服下类固醇,助他一臂之力,我们的球队就会在这一赛季史无前例地完成 70 个本垒打。这就是我

飓风"桑迪"卫星图之二
Photo by NASA Goddard Space Flight Center on Wikimedia Commons

如何看待这一年的极端天气事件的。"此外,如果一个棒球运动员服用了类固醇药物,你不能问他是否是因为服用了类固醇才完成本垒打。同理,我们也不能问极端天气事件是否是全球变暖的产物。

回想美国历史上最诡异的天气事件——超级风暴"桑迪"。2012年10月29日,飓风"桑迪"重创美国东北部,造成至少100人死亡,很多社区被摧毁,造成超过700亿美元的经济损失。"桑迪"是继2005年的飓风"卡特里娜"之后,美国历史上

黑色风暴事件

Photo by Arthur Rothstein on Wikimedia Commons

损失第二惨重的自然灾害。气象学家解释，"桑迪"是"北大西洋历史上范围最广的飓风，烈风圈直径约为 1040 英里"。美国国家气象局(National Weather Service)称其为"独一无二的风暴"，并且指出："我从未见过运动范围如此之广、损失如此之惨重、持续时间如此之久的飓风。"美国天气频道的资深气象专家斯图·奥斯卓(Stu Ostro)说："飓风'桑迪'将作为影响美国的最异常的极端天气事件被写入气象历史纪录中。"他进一步地解释了为什么"桑迪"如此独特：

> 飓风"桑迪"难以置信地混合了各种各样常见的气象元素：起初，"桑迪"是大西洋乃至全球史上风圈（暴风级别）最大的热带和亚热带气旋……此后，它转变为庞大的北美洲东北低压型环流，中间镶嵌着具有暖心结构的热带气旋；最后，热带湿润空气和北极的寒流相结合，导致一些高纬度内陆地区出现强降雪。飓风"桑迪"的情况就是如此非比寻常，我的话里没有丝毫夸张的成分。

正如许多破坏性强的极端天气事件一样，飓风"桑迪"是"各种各样常见的气象元素难以置信地混合"的产物。这是我们说"飓风'桑迪'是否是气候变化的产物?"是一个错误的问题的主要原因。正是因为多种气象元素的相互作用,"桑迪"才会变得如此有破坏力。那么气候变化是如何加剧飓风"桑迪"的破坏力的呢? 气候学家归纳如下:

(1) 全球变暖导致海平面上升,并且增强了风暴潮的破坏力。飓风"桑迪"的风暴潮来袭时,人类活动导致的全球变暖已促使海平面上升了近 1 英尺,致使 25 平方英里①沿海社区和 4 万沿海居民所面临的洪涝风险显著增加。2012 年,美国地质勘探局(U. S. Geological Survey,USGS)研究发现,美国东海岸,包括纽约、诺福克和波士顿等地海平面的上升速度比全球平均水平快 4 倍。

(2) 全球变暖导致降水强度增加。海面温度升高增加了大气湿度,全球范围内降水量增加了 5% 至 10%,洪涝灾害的风险随之增加。风暴越强,便会裹挟越多的额外湿气,而这与全球变暖有着直接关系。

———————————

① 1 平方英里≈2.59 平方千米。——译者注

(3) 由于飓风从温暖海面的水汽获取能量,因此最强的风暴会随着海洋变暖而变得更加强大和频繁。此外,全球变暖使海面温度升高,为飓风向北部较冷的海域移动提供源源不断的能量。2012 年 9 月,全球海洋温度达到有史以来第二高的纪录,美国东海岸的温度已经高出平均值 2.8 ℃,而全球变暖要对此承担至少 1/5的责任。

(4) 飓风"桑迪"运行轨迹异常。用奥斯卓的话来说,飓风"桑迪"的移动轨迹异常,"向左急转弯后在新泽西州登陆,这在历史上还是头一次。'桑迪'没有沿着海岸线行进的主要原因,可能是受到格陵兰附近罕见的强高压脊阻拦。"正是受到强高压系统影响,"桑迪"并未旋入海洋,而是急转弯袭击了人口稠密的美国东海岸地区。有研究表明,这种"阻塞模式"和全球变暖紧密相关。

以上几种原因依其科学确定性按从高到低的顺序排列。前两种原因是确认无误的,即海平面上升和水汽增多。第三种原因可能性极高。科学家对第四种原因仍然持怀疑态度。因此，飓风"桑迪"不是全球变暖的产物，但是人类活动导致的升温毫无疑问地增强了"桑迪"的破坏力，这也是纽约和新泽西沿海地区受灾如此严重的主要原因。

和"桑迪"一样，飓风"哈维"也是美国载入史册的台风之一。2017 年 8 月 25 日星期五，"哈维"以 4 级超级飓风强度在得克萨斯海岸登陆，而 2 天前它连热带风暴都不是，这迅猛的发展速度成功引来了多方关注，使人们大为惊奇。8 月 27 日星期天，向来沉稳持重的美国国家气象局在推特上表示："这是一次史无前例的事件，'哈维'所带来的影响都是未知的，其破坏力将远远超过所有已知飓风的影响。"并配图 1 张用于预测休斯敦地区截至当日的累计降水量，图中显示预计累计降水量接近 2 英尺。星期二早晨，美国国家气象局再度发表推文："热带系统带来的累计降水量纪录被打破了！文丁路的玛丽湾累计降水量达到 49.20 英寸，此前的纪录为 48 英寸（美国大陆地区）。"到了星期二下午，降水量桂冠又被雪松坝夺走，其累计降水量达到了 51.88 英寸。

最终，"哈维"以总计 29 万亿加仑①的磅礴降水量席卷了得克萨斯州和路易斯安那州，这是美国史上最为严重的暴雨灾

---

① 1 加仑≈3.79×10^{-3}立方米。——译者注

害,有分析称"哈维"是 25000 年一遇的超级风暴。洪水导致超过 50 人死亡,数十万间房屋遭到摧毁或损坏,经济财产损失总计高达 2000 亿美元。

气候变化并没有导致"哈维"的产生,就像它没有导致"桑迪"一样,但气候变化使得"哈维"在各种意义上都更具破坏性,包括强度、风暴潮,以及降水量。"哈维"(和"桑迪")同样是由异常暖水引起的,而这部分归咎于全球变暖。当"哈维"在人们的目瞪口呆中于 2 天内迅速发展为 4 级飓风时,它正从墨西哥湾一片比正常情况(以 1961—1990 年为基准)偏暖 1.5～4℃的水域经过。最近数十年间,这种类型的迅速增强较以前变得更为常见,我们之后将在本章详细讨论这个问题——而相关的某些最新研究将矛头指向了人类活动导致的全球变暖。最后,"这种把休斯敦浇了个透心凉的阻塞性天气模式正是我们可以由气候变化推断出的那一种",气候学家迈克尔·曼在邮件中这样解释道。在 2017 年的早些时候,他作为共同作者发表了多篇研究人类活动造成的气候变暖使大气环流系统(例如急流)更有利于产生夏季持续性灾害天气的论文。综上所述,气候变化很有可能是造成"哈维"的灾害性降水的最大元凶。

气候变化如何影响热浪？

随着全球变暖,地球平均温度不断升高。热浪是指气温异常偏高的极端天气事件,全球变暖使热浪变得愈发严重且频繁,持续时间更长,波及范围更广。

然而,全球平均气温只要略微升高,极端热浪就会对更多的人造成巨大影响,而这一关系是不相称(非线性)的。德国波茨坦气候影响研究所的气候学家斯特凡·拉赫姆斯多夫和迪姆·库默(Dim Coumou)表示,"气候变暖导致的如 2012 年美国热浪一样超强的极端天气事件,远比中等程度的极端事件要多"。这些极端天气都已在接连发生。《纽约时报》在 2017 年 7 月报道:"在 20 世纪 50 年代人们闻所未闻的那种异常高温的夏天如今已经变成了常态。"

2012 年,美国国家航空航天局的科学家根据全球历史温度数据做出的气候分析解释了其中的原因。美国国家航空航天局戈达德太空研究所的研究人员,用做了手脚的"气候骰子"形象比喻人类活动对极端天气,尤其是反常酷热或凉爽的夏日的影响。从 1951 年到 1980 年,设想一枚六面的骰子,"两面涂红代表'酷热',两面涂蓝代表'凉爽',两面涂白代表接近平均温度"。当我们投掷骰子时,酷热、凉爽及接近平均温度的夏天出现的概率大致相同。

在过去的 30 年间,人类活动导致全球快速变暖,气候骰子也被人做了手脚,越来越倾向于酷热的夏天。在夏天,极端高温出现得越来越频繁,极端天气的分布范围也越来越广。如今,这枚六面骰子反常地变成"仅有半面蓝色代表凉爽的夏天,一面白色,四面红色,以及半面代表着极端高温的橙色"。因此,酷热夏天出现的概率是之前的 2 倍,而凉爽夏天出现的概率则大大降低。此外,极端炎热的夏天和凉爽夏天出现的频率相当,且破坏力极强的热浪给人类、动物和农作物带来了巨大的伤害。

严格来说,研究人员做出了"气温季节性变化的标准差(σ),并和其正态分布('钟形曲线')相比较"。他们着重研究了"热事件的一个子集——极端炎热事件,它被定义为超过气候标准差的 3 倍($+3\sigma$)的事件",这通常意味着"极端炎热天气出现的频率约为 0.13%",即百年内出现不超过 1 次的热浪。在1951 年到 1980 年的夏季,"全球只有 0.1%~0.2%的地区会出现如此极端的高温天气"。然而,他们的研究表明,"在过去极少发生的可怕热浪事件,如今已变得稀松平常,出现的地区占全球陆地范围的 10%"(见图 2.1)。

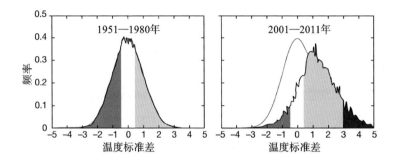

图 2.1 夏季温度极值分布的变化

注:北半球大陆地区 6—8 月温度异常发生频率(纵轴)的分布,以当地的温度标准差(横轴)为单位。1951—1980 年期间的分布更接近正态分布("钟形曲线")。正态分布常用于区分夏季是偏冷、正常还是偏热,这三种情况各占约 33.3% 的概率(来自美国国家航空航天局)。

简而言之,最极端和最危险的热浪已经增加了 50 倍。这一增长速度太过急剧,美国国家航空航天局的研究人员总结道:"全球变暖导致气候分布异常,2011 年得克萨斯州、2010 年莫斯科和 2003 年法国夏季出现的极端气候事件都归咎于此。"

几年前,科学家很少做出如此强有力的论断,即将极端天气事件,例如千年一遇的热浪,和人类活动导致的全球变暖联系在一起。甚至在 2017 年，一些科学家还对此存疑。然而，过去几年间异常的极端天气事件促使越来越多的研究关注这个问题，这些研究揭示了全球变暖是如何使这些极端天气事件变得更加频繁、更加具有破坏力的。

现在来看看极端热浪的最后一个问题。和超级飓风"桑迪"或其他类似的大尺度灾害事件一样，最致命的热浪通常是由"气象学意义上令人费解的要素组合"驱动的。例如，极端热浪一定程度上常常是由极端干旱驱动的，这将在下一节进行讨论。

气候变化如何影响干旱？

气候科学预测，由于干燥、升温和冰雪融化的共同作用，地球上很多地方将遭受时间更长、后果更严重的旱灾。近年来，科学家已经观测到因为全球变暖，干旱事件的强度和频率有所变大。

第一，我们已经预测到人类导致的气候变化会改变降水模式，全球干旱区域会扩大至亚热带地区，例如美国西南部和地中海区域。亚热带是分布于热带外缘（赤道南北两侧）的一种气候带,地球上最干燥的区域都集中于此,包括主要的沙漠地区。气候学家预测,亚热带会不断扩大,事实也正如此。因此,半干旱地区更容易出现干旱事件。此外,新的证据表明,气候变化使包括干旱在内的天气模式容易受到大尺度高压系统拦截,我们通常称之为"阻塞模式"。这也可能是 2012 年至 2016 年美国加利福尼亚州持续长时间干旱的原因之一。

第二,全球变暖加速水分蒸发。一旦地表变干,太阳辐射会使土壤升温,导致空气温度进一步上升。这就是为什么美国 20 世纪 30 年代的"黑色风暴事件"刷新了众多温度纪录,也可以解释为什么美国俄克拉何马州 2011 年的旱灾刷新了夏季高温纪录。气候学家凯文·特伦伯斯在一封电子邮件中阐述了人为导致的变暖对干旱的影响:"每半年大气中新增加的温室气体所截留的多余热量,相当于在 1 平方英尺①干旱的土地上以全功率运行一台小型微波炉半小时产生的热量。"

2014 年,伍兹霍尔海洋研究所(Woods Hole Oceanographic Institution)的研究人员通过重建降水和干旱 2 个古气候模型,做出了具体案例分析:"2012—2014 年加利福尼亚州发生的干

---

① 1 平方英尺≈0.09 平方米。——译者注

旱有多反常?"他们发现,以帕尔默干旱指数(Palmer drought severity index,PDSI)为指标,加利福尼亚州的土壤湿度出现史无前例的骤然降低:

> 加利福尼亚州正在经历过去 1200 年以来最严重的旱灾。无论是单年(2014 年)还是累计水分的减少,都比过去连续的干燥年份要严重得多……从累计严重性的角度分析,这场旱灾是史上最糟糕的,帕尔默干旱指数累计数达到 −14.55,甚至要比许多更长时间(4~9 年)的干旱都要极端。

研究者表示:"在总量减少,但未达到历史新低的降水和破纪录的高温的共同作用下,现今加利福尼亚州的旱灾是过去 1000 多年里最严重的。"正是降水量减少和破纪录高温共同导致了 1200 年一遇的旱灾。作者总结道:"气温或使 2014 年干旱的严重程度加剧约 36%……这些来自古气候记录的观测结果表明,高温和较低但未达到历史新低的降水不足相结合,导致加利福尼亚州过去 1000 年里出现了最严重的短期干旱事件。"

虽然破纪录的干旱多是由降水的大幅度减少引起的,但是高温导致的干旱要比凉爽天气时发生的干旱对人类、动物和农作物的影响更大——这不仅仅是水分蒸发更多的原因。2014年,加利福尼亚州气候学家和水问题专家皮特·格莱克告诉我,天气炎热时,"降雨-降雪比率随之升高,冰雪融化加快",这都会导致积雪急剧减少,而山脉积雪正是加利福尼亚州和西部地区度过炎炎夏日所需的非常重要的天然水库。

很多地区已经观测到以下现象:①降水多以降雨的形式出现,降雪的比重降低;②冰雪提前融化。2011 年,美国地质勘探局研究发现,随着全球变暖,落基山脉积雪面积的减少速度比过去 800 年更快,导致当地的水供应不足。研究还表明:"积雪是指覆盖在高纬度地区的雪层,每年冬季积雪融化的径流都为美国西部超过7000万的人口提供了 60%～80% 的生活用水。"2013 年,美国地质勘探局研究发现:"1980 年以来,春季温度上升导致北美西部落基山脉冰雪覆盖面积减少了约 20%。"

科学家已经观测到,由于全球变暖,世界各地干旱事件发生的强度和频率都有所增加。例如,科学家早已预测地中海地区会因为全球变暖而变得干燥。根据美国国家海洋大气局发表在《气候杂志》上的一篇研究文章,现在已经观测到这一变干的趋势,"地中海地区旱灾发生的频率增加",其至少一半要归咎于气候变化。

2015 年,一项里程碑式研究的成果被发表在《自然》杂志上,其中记录了 1950 年以来由全球变暖导致的干旱与半干旱灾害事件的增长。这篇题为《1950 年来明显由人类造成的气候变化类型》的文章分析了多套月平均气温与降水的时间序列资料,并得出这样的结论:"1950 年至 2010 年间,全球已有 5.7％的土地区域转变为更暖更干的气候类型。"至于原因,"我们发现 1950 年以来的这些气候类型变化并不能解释为气候的自然波动,相反,它们是由人为因素导致的。"

类似地,2016 年的一项研究发现原本处于半干旱状态的美国西南部正在进入一种"更干的气候状态"。该研究总结道:"正如全球气候模型预报的那样,可以为美国西南部带来水分的那类天气正变得越来越少见,这预示着这片区域正在向更干旱的气候状态转变。"

气候变化如何影响森林火灾?

许多科学研究总结,全球变暖使野火更加猖獗、破坏力更加强大。为什么呢? 全球变暖带来更多高强度的干旱事件,炎热的天气和冰雪提前融化,会导致夏末秋初水资源供给不足。全球变暖造成野火频发,随之释放出的二氧化碳进一步加速全球变暖,这意味着野火是一种危险的放大反馈。

早在 2006 年,《科学》杂志上刊载了题为《气候变暖和早春现象促使美国西部森林火灾增加》的文章,分析了近期森林火灾发生频率不断增加究竟是由于森林管理实践方式失当,还是由于气候变化。该文章的主要研究方——美国斯克里普斯海洋研究所(Scripps Institute of Oceanography)总结出,气候变

森林火灾

Photo by Mark Wolfe _ FEMA on Wikimedia Commons

化是其主要原因：

> 美国西部的野火和水文气候在统计学上的稳定
> 关联表明，近几十年不断增加的野火反映了次区域对
> 于气候变化的响应。通过分析过去发生的森林大火，
> 我们发现20世纪80年代中期火灾模式由规模大、频
> 率低、时间短（平均时长1周）向规模大、频率高、时间
> 长（5周）急剧转变。这一转变伴随着春季异常升温、
> 夏季长时间干燥、植被进一步干枯（激发更多、时间更
> 长的大型野火）和森林火险期延长。冬季降水减少和
> 早春冰雪融化在其中起到了重要作用。

2006年的这份报告还指出，21世纪全球变暖将会加速上述所有趋势。正是人类活动排放的二氧化碳等温室气体导致了这种升温。2007年，政府间气候变化专门委员会审阅评估了相关科学文献，并警示了升温带来的危险：

> 气候变暖会导致森林火灾频发。随着气温升高、
> 夏季时间延长，植被更加干燥，从而导致森林易燃性
> 增强、野火蔓延速度更快。2006年，韦斯特林（Wes-

terling)等人研究发现,在过去的 30 年里,美国西部地区火灾季节的天数在延长,平均达到 78 天之久。此外,由于春夏气温升高了 0.87 ℃,受害林面积大于 1000 公顷的火灾持续时间从 7.5 天增长至 37.1 天。春季冰雪提前融化,尤其是高纬度地区的植物生长期变长,土壤异常干旱,这使得火灾变得空前活跃。在美国西南部,火情与厄尔尼诺-南方涛动的正相位(厄尔尼诺)和较高的帕尔默干旱指数有一定相关性。

2012 年 12 月,美国林业局的科学家编写了一份长达 265 页的联邦报告,预测到 2050 年美国火灾的破坏力将会翻倍,每年或有 2000 万英亩[①]的森林毁于火灾。报告还指出,美国科罗拉多州西部等地在 2012 年经历了史上最严重的火灾,预计在 21 世纪中期,火灾面积将扩大 5 倍。

许多其他关于气候变化如何影响火灾风险的研究结论基本相同。2012 年,美国气候中心发表了名为《西部森林大火的时代》的研究报告。报告中指出,与 40 年前相比,火灾季节延长了两个半月。美国国家科学研究委员会(National Research

---

① 1 英亩≈4046.86 平方米。——译者注

Council)预测,地球温度每升高 1 ℃,美国西部森林火灾的蔓延面积就会扩大 4 倍。按照当前的发展速度,预计在 21 世纪末将升温 4 ℃。科学家已观测到的气候变化对产生野火的影响和上述研究相吻合,毁于森林火灾的面积已经有所增长。

2015 年 7 月,《自然·通讯》杂志刊载了一篇名为《1979—2013 年气候变化引起的全球火灾危险》的文章,研究了世界范围内气候变化对火灾产生的影响。研究人员总结道,气候变化使火灾季节的天数延长了近 20%,1979 年至 2013 年期间,全球每年毁于森林火灾的面积增加了一倍多。

美国林业局的科学家解释了气候变化对北美林业的其他影响。落基山脉的森林将变得更炎热、更干燥,这不仅会导致野火肆虐,还会导致森林病虫害暴发。小蠹已经使美国和加拿大数千万英亩的林地饱受侵害。仅山松大小蠹就毁掉了约 7 万平方英里的森林,面积相当于美国华盛顿州的大小。温和的冬季使小蠹的幼虫死亡率降低,春季和秋季变暖使小蠹交配季长度翻倍。此外,全球变暖使小蠹向北部高纬度地区扩散。美国林业局的报告显示,山松大小蠹会增加森林火灾的风险。该报告的作者阐述,2006 年小蠹病害暴发,在华盛顿州诱发"完美风暴",导致高海拔扭叶松火灾的"强度异常之高"。虽然我们已经明确气候变化会导致小蠹的扩散,并导致森林病虫害的暴发,但是近期的研究对于森林感染虫害是否会导致野火显著增加似乎持有不同观点。

2016 年 10 月的一项研究指出,由气候变化引起的温度升高和森林区域干旱的加剧使得美国的森林火灾受灾面积较 1984 年增加了 16000 平方英里。该研究总结道:"我们已经证明,自 20 世纪 70 年代以来的有记录的森林火灾增加数目中,人类活动造成的气候变化引起的干旱性火灾占了其中的一半以上,且累计受灾面积较 1984 年已经翻了一番。"其中一位合著者警告人们:"气候在决定哪儿着火方面真的是可以为所欲为的。我们要为相较前几个世纪有更多火灾的未来做好准备。"

气候变化如何影响洪水或强降雨的概率?

现已有确凿的研究发现表明,极端降雨或洪水的增多与全球变暖有直接联系。2014 年,英国气象局哈德利中心发表的名为《气候风险:科学前沿》的报告中阐述:"物理学基本定律告诉我们,更加温暖的大气能够储存更多的水分。全球气温每升高 1 ℃,大气湿度就会增加大约 7%。"他们补充道:"基于气候模型和日降雨量观测结果,全球气温每升高 1 ℃,强降雨量的百分比也会增加 7%。"

2013 年,政府间气候变化专门委员会发布了第五次评估报告第一工作组报告,指出在大部分陆地区域,强降雨事件的发生次数可能正在增加。在美国,科学家已经观测到持续 2 天的强降雨事件发生次数激增,而这种强降雨事件在过去 5 年才会发生 1 次(见图 2.2)。

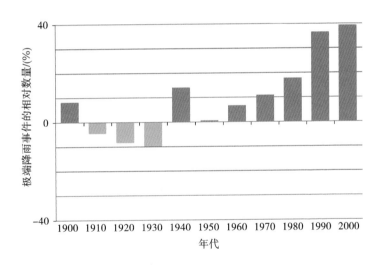

图 2.2 美国强降雨观测记录变化趋势

注:2 天总降雨量超过"五年一遇"降雨事件平均标准的年代际指数。变化以 1901—1960 年为基准。数据显示,这种"五年一遇"的事件正变得愈发寻常。

来源:2014 年美国《国家气候评估》文件。

2014 年发布的美国《国家气候评估》,是迄今为止针对目前和未来气候变化对美国的影响最权威的分析报告。该报告指出:"推动这一变化的机制很容易理解。"该报告由美国国会发起,由 300 名著名气候学家及技术专家共同完成,并由美国国家科学院审阅。该报告阐述:"暖空气比冷空气能够储存更多的水汽。全球分析显示,全球大气中的水汽含量因为人类活动加剧的温室效应而大大增加了……这些额外的水分为风暴系统的形成创造了条件,导致更严重的降雨。气候变化还改变了大气的成分,影响了天气模式和风暴。"

最后一点十分重要:最严重的洪水发生次数增多,不仅仅是因为暖空气比冷空气能够储存更多的水汽,更因为其为主要风暴系统的形成创造了条件。越来越多的科学家认为气候变化正在改变急流和天气模式。风暴系统的移动速度会随之减慢,甚至停滞,从而带来更长时间的降雨,我们将会在本章后半部分详细探讨。

全球变暖会导致潮湿地区更加潮湿,而干旱地区更为干燥,然而这种情况并非适用于所有地区。图 2.3 展示了 2014 年美国《国家气候评估》中"1958—2012 年每个区域强降雨事件(最强的 1%)降雨量的百分比变化"。

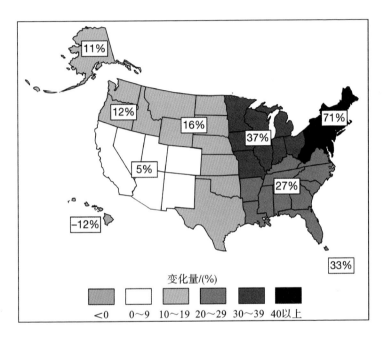

图 2.3 各地区 1958—2012 年超强降雨事件降雨量的百分比变化

来源:2014 年美国《国家气候评估》文件。

正因为气候变化,降雨现已成为字面意义上的"不雨则已,一雨倾盆"。2014 年美国《国家气候评估》称:"最严重的极端降雨事件已经变得更加剧烈和频繁,大雨天的降雨量也随之增多。"现今极端降雨事件的降雨量比 1958 年多了 70%。所以,即使是在预计年降雨量会降低的区域(如美国西南部),越来越多的降雨会以大暴雨的形式出现,而密集的大暴雨会造成骤发洪水。

最后,英国气象局指出,不仅仅是每日极端降雨的强度增加:"越来越多的观测证据表明,随着温度升高,每小时极端降雨强度的增加速度更快。这可能是因为风暴垂直运动加强,释放出潜热,加大了降雨的强度。"

气候变化会影响降雪和暴风雪吗?

全球变暖已经导致最严重的暴雨强度增加,其主要原因是变暖使大气层里的水汽增多。这意味着,如果气温低到足以降雪,越来越多的水汽将会为暴风雪提供源源不断的能量,其强度也会随之增大。科学家预测,临近雨雪分界线的地区(如美国中部)暴风雪降临的频率减小,但其强度可能会增大。这也意味着,暴风雪事件在寒冷地区的强度在不断增大。这看似有悖常理。不过,虽然升温已经导致大气中水汽显著增加,但是这并不意味着当今全球大部分地区的温度都会升至冰点以上。

2014 年,麻省理工学院的研究人员发表了一篇名为《全球变暖下的降雪》的研究报告。作者保罗·奥戈尔曼(Paul

O'Gorman)教授研究发现,即使在几十年后,全球气温大幅上升,"极端降雪事件的实际强度也会不断增加"。他十分确定"在气温日较差内有一个小区间,刚刚低于冰点,极端降雪常常会在这个区间发生,而这些局部的极端降雪并不会改变全球变暖的趋势。"人们可能听说过这样的话,"太冷就不会下雪",奥戈尔曼解释说这句话是正确的,"如果气温过低,那么大气中就不会有足够的水汽来形成大暴雪;如果气温过高,那么大多数降水会以降雨的形式出现。"

我们已经知道相对温暖的冬季更容易出现暴风雪天气。2006年的一项关注1901—2000年的暴风雪事件的研究发现,美国北部地区正在面临越来越多的暴风雪天气,在更暖和的年份降雪也更多。"美国大部分州在温暖的年份发生暴风雪的次数要比正常年份多出71%～80%。"研究总结:

> 我们完全可以预见到,在未来由于冬天将变得更加温暖和湿润,因此比起1901—2000年这段时期,暴风雪天气将会大大增加。1991年,阿吉(Agee)的一项研究发现,北美地区持续增加的气旋活动与长期的变暖趋势有关,这也进一步预示着未来暖冬的气候趋

势也将导致更多的冬季暴风雪天气。

2009 年,美国全球变化研究计划(U. S. Global Change Research Program,USGCRP)发表名为《全球气候变化对美国的影响》的报告。该报告总结说,"寒冷季节的风暴路径正在向北偏移,而最强的风暴很可能将会变得更强,而且更加频繁"。所以 2012 年的一项名为"不雨则已,一雨倾盆"的研究发现,全球的极端暴风雪天气和洪水灾害正变得越来越频繁和严重,也就不足为奇了。

2014 年美国《国家气候评估》中详细分析了美国降雨降雪的区域性分布特征。报告发现,"全球大气中的水汽含量因为人类活动加剧的温室效应而大大增加",这与科学家所预测的相吻合。这意味着,这些水汽为各种风暴系统的形成创造了条件,如果气温足够低,也会形成暴风雪。

气候变化,包括北极海冰消失,会影响整个天气模式。评估报告指出,"越来越多的开放水域会导致美国北部地区降雪越来越多,也会迫使北极冷空气加速南侵,导致近年来北半球中纬度地区出现罕见的寒冷多雪冬季"。但是这一研究包含着"高度不确定性",我们还需要更多时间去研究"气候变化是否

正在改变大气状况,使得风暴系统的移动速度随之减慢,甚至
停滞,从而带来破纪录的雨雪量"这一问题。

美国《国家气候评估》称这一领域为"有待进一步研究的领
域",并指出:"近年来,美国中西部和东北部在一些年间会遭到
相对较强的降雪侵袭,而其余年份几乎没有降雪,这也说明了
北半球冬季阻塞环流(大范围高压气团停止移动)的增强。"图
2.4 展示了美国国家海洋大气局根据"极端气候指数"所描绘
的过去一个世纪美国新英格兰地区极端暴雨降水量占年降水
量比重的变化,从中可以看出近几年的降水量激增。

2012 年,一项研究发现,气候变化,尤其是北极放大效应,
在未来几十年会导致欧洲中部地区出现更严酷、更寒冷的
冬季:

> 当北极夏季海冰减少时,欧洲中部地区更有可能
> 出现寒冷且多雪的冬季。德国亥姆霍兹国家研究中
> 心联合会(Helmholtz Association)成员组织阿尔弗
> 雷德·魏格纳极地与海洋研究所(Alfred Wegener
> Institute for Polar and Marine Research)的波茨坦研
> 究小组(Research Unit Potsdam)的科学家发现,北

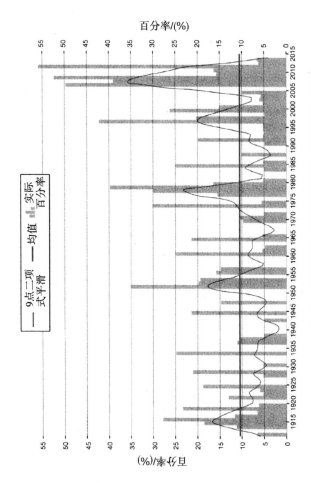

图 2.4 1911—2014 年冷季(10 月至次年 3 月)美国新英格兰地区日降水量图

注:美国国家海洋大气局的图表明,新英格兰冷季(10 月至次年 3 月)"极端(相当于日降水量最高的 10%)降水事件"的降水量占年降水量的比例远高于正常值。

极夏季海冰的减少与极地区域高压的变化之间存在关系，这会导致欧洲的冬天更加寒冷。

未来的天气状况将会怎样？凯文·特伦伯斯博士解释说："由于气候变化，在隆冬时节只要温度足够低，降雪量就会增加。因为气温每升高 0.56℃，大气湿度便会增加 4%。因此，气温只要低于冰点，就会导致越来越多的暴雪天气。"另外，"在冬季的开端和末尾，气温已经足够高，会导致降水的发生"。因此，从平均的结果来看，总的降雪量并不会增加。麻省理工学院 2014 年的那篇研究报告提供了一些具体的区域性案例，比较了常规降雪和极端降雪情况下未来的天气状况：

研究发现，在强变暖的情境下，假设某一低海拔地区的冬季平均气温刚刚低于冰点，那么平均冬季降雪量将会减少 65%。但是同一地区最强的暴风雪的强度只减弱了约 8%。在高纬度地区，即使在一般强度变暖的情境下，极端降雪的强度也将会增加，降雪量将增加 10%。

气候变化如何影响风暴潮?

海平面上升是气候变化影响风暴潮最直接的方式。即使风暴自身的强度没有增加,风暴潮的平均强度也会随着海平面的上升而增加。研究表明,全球变暖会增加强度最大、破坏力最强的超级风暴出现的频率,海平面的上升又进一步地放大了风暴潮的威力。

2013 年,美国国家海洋大气局的研究人员研究了海平面上升对风暴潮的影响,并发表了名为《现在与未来飓风"桑迪"导致洪水泛滥的可能性》的文章。研究表明,根据"排放趋势照常情景"下预测的海平面上升的情况,"桑迪"等级的超级风暴所导致的洪水泛滥会变得稀松平常。美国国家海洋大气局指出,"飓风'桑迪'破纪录的影响力应当归咎于巨大的风暴潮和风暴潮造成的洪水泛滥。这是由于'桑迪'登陆路径恰好与涨潮方向相吻合。"文章重点总结如下:

相比 1950 年,气候变化导致的海平面上升已经使每年与飓风"桑迪"等级相当的洪水灾害发生的可能性增加了 1 倍。由于自然强迫和人类活动对海平面的影响,"桑迪"级别的洪水灾害出现得愈加频繁。在未来,强度和风暴潮规模比飓风"桑迪"小的风暴就可以导致"桑迪"级别的洪水灾害。

换言之,人类活动导致海平面上升了几英寸,因此"桑迪"级别的风暴潮发生的可能性几乎已经翻倍。

正如上文所述,飓风"桑迪"的移动路径和规模的成因错综复杂,其中一些和气候变化有关。但是随着海平面上升,在未来,比"桑迪"弱的风暴就可以导致"桑迪"级别的风暴潮。换言之,即使再也不会出现和飓风"桑迪"一模一样的风暴,"桑迪"级别的风暴潮事件仍会变得越发频繁和常见。

美国国家海洋大气局在该研究中假设了两种情景:"中等高度假设情景"是指到 2100 年,海平面上升 2~4 英尺;"高假设情景"是指到 2100 年,海平面上升 4~7 英尺。然而,这些假设在 2013 年或许可以成立,但 2014 年涌现出许多研究,发现西南极冰盖正以超出预期的速度消逝。与此相似,"格陵兰冰盖导致海平面上升的速度远远超出预期"。

　　或许美国国家海洋大气局应当将"中等高度假设情景"重新标记为"排放趋势照常情景",将"高假设情景"重新命名为"规划情景"。这是因为我们在进行土木工程设计和规划时,通常是预测最糟糕的情景,而不是最佳或最有可能的情景。

　　美国国家海洋大气局的研究人员发现,即使到 2100 年海平面只上升了 2～4 英尺,从康涅狄格州到新泽西州南部的大多数沿海地区,"桑迪"等级的风暴潮事件在 21 世纪末出现的频率也大约会是一年一次(或者更频繁)。

被飓风带来的风暴潮袭击过的地区
Photo by John Middelkoop on Unsplash

然而,在海平面升高更多的规划情景下,即便是惨遭飓风"桑迪"带来的风暴潮袭击过的地区,每一到两年都会出现类似的风暴潮。正如新泽西州桑迪胡克市和纽约炮台公园,这些地区曾经被"桑迪"带来的风暴潮彻底摧毁。事实上,按照如此假设情景,至 21 世纪中期,从新泽西州大西洋城南部延伸出去的海岸线上,"桑迪"级别的风暴潮几乎会年年出现。

气候变化会加大飓风的破坏性吗?

正如飓风"卡特里娜"和"桑迪"所展现的,飓风最具破坏力的效应是其引发的风暴潮。我们已经观测到海平面上升会增加"桑迪"等级的风暴潮出现的频率。我们也已经知道全球变暖会使最强风暴带来的降水强度不断增加,因而导致更多洪水事件。然而,现在已经有直接证据可以表明全球变暖将为更强的风暴提供能量。

全球范围内长期热带风暴数据缺失的问题日渐突出,因为"我们在观测飞机受到限制的地区时,对热带风暴强度的监测不足,"麻省理工学院的飓风专家克里·伊曼纽尔(Kerry Emanuel)博士在 2015 年解释道,"目前,观测飞机只定期监测北大西洋热带气旋,并且只在热带气旋持续数日、威胁人口密集地区时出动。"因此,近期的研究都在尝试创造一种统一的方式,用于比较不同的飓风。

2012年,阿斯拉克·格林斯特德(Aslak Grinsted)博士在其主导的研究中,建立了追踪大西洋区域大规模风暴潮事件长达90年的连续记录。研究表明,最严重的风暴潮"可以归咎于热带气旋登陆"——因为飓风会导致最大的风暴潮。研究还表明,最严重的风暴潮"与造成最严重经济损失的大西洋气旋密切相关"——因为伴随着最大的风暴潮的飓风拥有最强大的破坏力。一项重要的研究表明,飓风"卡特里娜"规模的风暴潮,"在高温年份发生的可能性是低温年份的2倍"。

为什么会出现这样的情况呢?因为热带气旋在高温年份比低温年份更为活跃。此外,"不断变暖的环境对最大型的气旋影响最大"。我们已经知道飓风会从温暖的海水中获得能量,因此这一结论并不足为奇。事实上,热带气旋和飓风都是阈值事件:如果海面温度低于26.5 ℃,便不会形成热带气旋或飓风。削弱飓风强度的方式之一,便是其自身猛烈的搅拌作用促使深层较冷的海水上涌。然而,如果随着气候变暖,深层海水也变得温暖,那么飓风强度便不会减弱,反而会因此增强。

通常情况下,飓风必须穿过大面积相对较深的温暖海水,才能形成四级飓风或者五级超级风暴。2006 年,美国国家气候数据中心(National Climate Data Center, NCDC)在关于飓风"卡特里娜"的报告中对此进行了解释。报告表示,2005 年 8 月最后一周,墨西哥湾的海面温度"比平时高出 2 ℃,并且温暖海水从表层海面向深处大幅扩散"。此外,"飓风'卡特里娜'穿过了'环流',即更加温暖的带状水域,在此期间,其强度急剧增大。海面温度是飓风形成和其强度变化的重要因素。"

2013 年,格林斯特德和其同事在文章《不断升高的温度和大西洋飓风风暴潮的威胁》中表示,最极端的风暴潮事件"对温度的变化特别敏感。我们预测,自 20 世纪以来的升温可能会导致飓风'卡特里娜'级别的风暴潮事件数量翻倍"。研究总结:"我们可能已经跨过了临界点,此后飓风'卡特里娜'级别的风暴潮事件很有可能是由全球变暖造成的。"

2013 年,另外一篇发表在《气候动力学》杂志上的题为《近期飓风强度对全球气候变化的响应》的研究文章,深入分析了近几十年间飓风发生的频率和强度,与人类排放的温室气体以及气溶胶之间的关系。美国国家大气研究中心的研究人员发现,人类活动对每年发生的热带气旋或飓风的总数量没有影响;然而,"自1975年以来,大量的证据表明不论是局部地区还是全球范围,人类活动导致气温每升高1℃,4到5级飓风发生的频率便会显著升高25％～30％"。

第三篇重要研究文章是2013年发表在《气候》杂志上的文章《最新全球记录下的热带气旋强度趋势分析》。这项研究由隶属于美国国家海洋大气局的国家气候数据中心的詹姆斯·科辛(James Kossin)博士主持完成。飓风专家伊曼纽尔(Em-anuel)在他关于台风"海燕"(Haiyan)和"帕姆"(Pam)的文章中,称其为"现有的对于南太平洋热带气旋的最佳分析"。热带气旋"海燕"和"帕姆"的"强度异常之大",给西太平洋地区造成了极其严重的损失。2013年,科辛等人在文章中总结道:"北大西洋热带气旋峰值强度的频率和分布出现了巨大的变化。与此同时,南太平洋和南印度洋也出现了显著变化。此外,这些地区强大飓风的强度都在不断增大。"

不仅如此,相比之前,飓风增强的速度显著提高了。同时,它们能达到的强度也变得更大了。2015年的一篇名为《海面温度对北大西洋飓风增强影响的气候学研究》的论文指出,飓风强度增强和海面温度的升高在统计上有着显著的联系。"平均来说,海面均温每升高 1 ℃,飓风的增强速度和强度就能提升 16％。"这种偏暖海水驱动的飓风快速增强十分令人忧心。2016 年的一项研究表明,大部分(79％)的飓风都是快速增强型的,而且最强的风暴总是通过快速增强产生的。

因此,观测证据和分析结果均表明,虽然我们没有观测到飓风数量的增加,但是 4 到 5 级的超级飓风发生的频率显著升高。历史上,这些飓风曾造成了巨大的损失,也曾摧毁过整座沿海城市,就像飓风"哈维"毁坏了休斯敦地区一样。与此同时,我们观测到最具破坏力的风暴潮明显增多,因此,如果一次仅为 1 级的飓风(例如"桑迪")恰好袭击了沿海地区的主要城市,便会带来前所未有的损失。

什么是北极放大效应？ 它如何影响极端天气？

正如科学家预测的,北极持续变暖的速度要比其他地区快很多,我们通常称之为"北极放大"效应。北极放大效应加速了北半球陆冰流失,包括格陵兰冰盖,从而导致海平面上升,并且加剧了风暴潮。近期一系列研究进一步指出,北极放大效应削弱了北半球的高空急流,导致包括干旱、洪水和热浪在内的天气模式出现了"阻塞",使这些现象的持续时间更长、后果更严重。

北极的放大效应之一是,全球变暖导致高反射率的白色冰雪融化,露出了毫无遮蔽的深色陆地和海洋,从而吸收更多的阳光,转化为更多的太阳能。北极变暖也受到其他因素的协同影响。2004 年,国际北极科学委员会(International Arctic Science Committee)在名为《北极变暖的影响》的报告中做出如下解释:

> 相较于较低纬度,北极地区"储存的多余热量大多加速了气候变暖,而并非加剧蒸发过程";
> 在北极,"能使地球表面变暖的大气层正逐渐变得稀薄";
> 当海冰消退时,"海洋在夏季吸收的热量更容易在冬季转移到空气中"。

此外,虽然北极厚冰上方空气的温度可以达到非常低,但是仍无法达到可以凝固开放水域的程度。

所有这些放大效应都会加速冰雪融化,导致地表反射率(反照率)进一步降低,热量随之增多,进而加速北极上空稀薄的空气散布至整片极地,以此往复。放大效应对极地变暖造成了多大的影响呢?2010 年 7 月,一项名为"北极放大效应:过去能否制约未来?"的历史研究,采用了过去 300 万年的古气候数据,发现"北极温度升高的速度往往比北半球平均水平快3~4 倍。这说明(目前的)北极气温升高的速度在未来一个世纪中都会持续高于全球平均水平,陆地冰量也会随之大幅度减少。因而,海平面上升速度会加快。"

2010 年 7 月,由 18 位科学家组成的国际团队开展的名为"北极海冰的历史"的研究,审查了近 300 项过去的和目前还在进行中的研究。研究人员总结:"从 19 世纪晚期开始,北极海冰便开始逐渐消融。这与气候的快速变暖密切相关,在过去的30 年间尤为严重。至少在过去的几千年间,海冰融化的速度从未变得如此之快,并且这都无法用任何已知的自然变量来解释。"简而言之,自然变量无法解释近年来北极海冰总量的急剧减少。研究还发现,"对地质数据的分析结果表明,长久以来北极海冰与气候变化密切相关,而这主要是由温室气体和地球轨道强迫及其反馈作用所驱动的。这一联系反映了北极放大效应的持续性,而海冰的状况很大程度上控制着反馈作用的速度。"

　　因此,一旦外部强迫使气候变暖,北极放大效应便会加速这一进程。在过去,外部强迫主要是轨道的变化,而现在主要是温室气体。上述发表于 2010 年 7 月的一系列研究均是《第四纪科学评论》主办的、题为"北极古气候综合"(Arctic Paleo-climate Synthesis)特别专题的一部分。该专题的总结概要提出了一个很有价值的观点:"总体上看,相较过去几千年间的气候事件,过去几十年间夏季海冰流失的速度与规模十分反常。尤其是在此期间,地球运行轨道的改变反而会使海冰融化的可能性降低,而不是升高。"也就是说,抛开人类活动造成的全球变暖,地球运行轨道的变化反而会使地球降温。2009 年,《科学》杂志上刊载题为《近年的气候变暖逆转了长期以来的北极变冷》的研究文章。该研究发现,20 世纪之前,北极缓慢变冷的趋势持续了约 2000 年。但是从 20 世纪起,碳污染导致迅速变暖成为了新的趋势。

　　2014 年,位于美国加利福尼亚州拉霍亚(La Jolla)市的斯克里普斯海洋研究所发表了一项研究结果,分析了近几十年来究竟产生了多少放大效应。自 20 世纪 70 年代以来,北极温度已经升高了 2 ℃。过去 40 年间,北极海冰在 9 月份的最小范围已经缩小了 40%,自 1979 年以来,每年减少面积约 35000 平方英里。研究人员发现,1979 年至 2011 年间,北极的颜色已经变暗了约 8%。这一变化导致北极地区多吸收的热量约占总二氧化碳所吸收热量的 1/4。一位作者解释道:"虽然我们还需要进一步研究,但是这些结果通通表明,北极海冰的变化对于全球变暖的反馈放大效应远比之前预测的大。"

出于以下几个原因,气候学家十分重视被低估的北极放大效应。首先,北极变暖得越快,格陵兰冰盖就融化得越快,海平面上升速度随之加快,对沿海社区的影响增大。其次,北极变暖的速度越快,永久冻土融化得越快,因此向大气中释放大量储存在其中的二氧化碳和甲烷的速度也随之加快,进而加剧全球变暖。最后,越来越多的研究表明,北极放大效应和近期北美洲出现的极端天气事件密切相关。接下来,让我们来一起看看相关研究吧。

气候变化和北极放大效应会不会影响北半球的极端天气?

近年来,我们已经观测到北半球发生极端天气事件的频率显著上升。干旱、洪水、热浪等极具破坏性的天气模式正逐渐地出现"阻塞"现象。我们曾预测过人类活动导致的全球温度升高带来的影响,阻塞现象会导致这些影响的持续时间更长、后果更严重。

阻塞现象的发生和极端天气频现,很大程度上是因为高空急流的减弱。此外,越来越多的研究表明,高空急流的变化与全球变暖所驱动的北极放大效应密切相关。2015 年,气候学家詹妮弗·弗朗西斯和斯蒂芬·维福路斯(Stephen Vavrus)在其发表的名为《北极快速变暖导致高空急流减弱的证据》的研究报告中指出,北极放大效应导致"高空急流的大尺度振荡(波动)出现得更加频繁,因而更容易出现持久的天气模式"。

大量研究表明北半球的极端天气事件显著增多。慕尼黑再保险集团拥有着最全面的全球自然灾害数据库。2010 年,该集团在一篇名为《极端天气事件增多是气候变化的明显迹象》的分析报告中总结，"对于不断增多的气象灾害，唯一符合情理的解释便是气候变化"。这种将极端天气事件数量增多、强度增大归咎于全球变暖的观点，恰好与现有科学知识相吻合。例如，一篇于 2010 年发表在《气候》杂志上的研究发现，"全球变暖是北大西洋副热带高压显著增强的罪魁祸首。这也导致了近几十年来美国东南部夏季异常潮湿或干旱气候出现的频率翻番。"

2011 年，慕尼黑再保险集团地理风险研究中心的负责人彼得·霍普博士向我解释了他究竟是如何得出这一因果关系的：

> 对我来说，不断增加的极端天气事件和相关自然灾害为全球变暖提供了最具说服力的证据。事实上，我们发现极端天气事件的发生频率在近 30 年间急剧增长，达到了之前的 3 倍。但与此同时，包括地震、火山喷发和海啸在内的地球物理事件并不受全球变暖的影响，其出现频率只是略有增加。如果我们所发现的天气灾害的整体趋势是由于报告性误差、社会人口因素或者经济发展所致，那么我们也应该在地球物理

事件中得出相似的结论。

这段对话发生在大规模极端天气灾害事件频发的 2 年前，北美洲尤其多，我们已经在本章前半部分进行了探讨。2011年，美国国家海洋大气局负责人说，当年美国发生的损失在 10 亿美元以上的天气灾害已经达到了 12 起，这"预示着更大的灾难即将发生"。

2012 年 10 月，慕尼黑再保险集团研究发现，北美极端天气灾害和人为所致的气候变化紧密相关："过去几十年间，北美地区在气候驱使下的天气变化显而易见，例如严重的暴风雨、强降水和突发性洪水、飓风活动，以及热浪、干旱和野火动态。"与此同时，非气候性事件（如地震、火山喷发、海啸）则几乎没有变化。霍普说："过去 40 年间，美国的气候数据有所缺失，因此我们很有可能需要将这些发现当作美国气候变化最初的数据。在此之前，并没有如此强有力的证据可以证明它们之间的联系。如果我们已经感知到气候变化最开始的影响，那么所有针对性警报和措施都将变得更加紧迫。"

此外，美国国家海洋大气局也于 2012 年 10 月发表了名为《近期北极初夏大气环流的转变》的研究报告，总结了全球变暖导致的北美地区极端天气的变化。报告的第一作者詹姆斯·奥弗兰(James Overland)说道："我们的研究展现了过去 6 年中北极夏季风模式的变化,揭示了北极夏季海冰减少、格陵兰冰川消融和北美洲以及欧洲潜在的天气变化之间的关系。"正如美国国家海洋大气局所阐述的:

> (大气环流的)转变表明,全球变暖导致北极的空气和海洋都变得更加温暖,但北极的变化不仅仅是由于全球变暖,这也是"北极放大效应"的一部分,通过北极特有的物理过程加速了气候变化、海冰变率和生态影响之间的相互作用。

那么北极放大效应是如何影响高空急流的呢?"北极进一步变暖,会导致自西向东的高空急流速度减慢,同时在南北方向出现更大振幅。"美国国家海洋大气局的研究阐述,"研究表明,海冰流失导致越来越多的太阳能进入北冰洋,因此我们可以预测北美洲和欧洲会出现越来越多的极端天气事件,例如暴雪、热浪和洪水等。但这些极端天气事件通常存在着地点、强度和时间尺度上的变化。"

美国新泽西州立罗格斯大学詹妮弗·弗朗西斯教授也是美国国家海洋大气局2012年研究报告的作者之一,她解释道:"现在我们已经清晰地观测到气候变化导致全球气温逐渐升高,但这不是最严重的影响;全球变暖导致极端天气事件频发的影响更为严重。因为北极变暖速度是全球变暖速度的2倍,我们预测极端天气事件在北半球中纬度地区发生的可能性显著增加,而这足以威胁到数十亿人口的生存。"

高空急流的路径"通常是曲流形状,曲流的形状自西向东传播,但其速度要大大小于实际风速。高空急流内的大尺度曲流(波浪)叫作罗斯比(Rossby)波。"2014年8月,由德国波茨坦气候影响研究所的一个科学家团队进行的研究分析了其详细机制,解释了为什么极端天气事件的数量会急剧增加:一些罗斯比波会在某一段时间内出现异常停滞。这项研究表明:"极端天气发生时,罗斯比波几乎停滞,且波动振幅明显增大。"波茨坦气候影响研究所继续解释道:

今年夏季发生的极端天气事件的数量在过去的10年内创下新高。例如,2012年破纪录的高温热浪席卷了美国,打击了玉米种植业,并且加快了野火蔓延的速度。人类活动导致的全球变暖可以解释一段时间内不断增多的高温热浪,但是我们观测到这些事件的强度和持续时间也发生了改变,这并不是那么容易就能解释清楚的。我们认为这些变化与最近新发现的机制,即大气中长波的阻塞现象有关。最新的数据分析表明,长波阻塞事件发生的频率的确有所上升。

但并不是所有的研究都和美国国家海洋大气局、弗朗西斯,以及德国波茨坦气候影响研究所得出同一结论,所以这些发现仍被认为只是研究的开端。气候变化和北半球天气之间的相互作用十分复杂。2014 年,《自然·地球科学》杂志刊载了名为《近期的北极放大效应和中纬度地区极端天气事件》的研究文章。文章由 11 位杰出的研究人员共同完成,其中包括弗朗西斯。文章总结了北极放大效应导致"北极海冰和春季积雪急剧消融,其速度比气候模型所预测的要快",并且这与"我们所观测到的北半球中纬度地区极端事件频发的时间段恰好吻合"。作者同意全球变暖会促使极端天气增多的观点,但是"关于其影响的强度还存在着很大的不确定性"。我们还需要对此展开进一步研究。

"北极海冰飞速减少,热量从北冰洋逸散至上空的大气中。如果北极海冰的减少对大气大规模环流没有丝毫影响,我们才应当惊讶,"美国宾夕法尼亚州立大学地球系统科学中心主管迈克尔·曼告诉我,"现在已经有足够多的研究表明我们已经观测到这些影响,并且其正以更持久的反常气温、降水和干旱的形式在北美洲出现。"2015 年,弗朗西斯和维福路斯对此发表了新的研究,展示了有关北极放大效应和极端天气事件的"新的计量方法和证据"。文章总结道:

> 这些结论证实了"北极地区的迅速变暖会导致高空急流路径改变"这一假设,更倾向于阻塞天气模式下,极端天气事件发生的可能性也较高。基于这些结果,我们可以总结出:如果温室气体的排放量持续增加,北极放大效应会进一步加强,并扩展至一年四季,这将会导致高空风场变得更易波动。因此,长时间的大气波动状态会使极端天气事件数量进一步增加。

2017 年 3 月,《科学报告》杂志上发表的名为《人类活动造成的气候变暖对行星波共振与极端天气事件的影响》的研究论文,确认了人类造成的气候变化和北极放大效应使得春夏季节急流更易停止，从而导致更为严峻的天气现象。"在证明气候变化与最近的众多极端天气事件间存在直接的联系方面，能做的我们已经都做了。"第一作者迈克尔·曼如是说。这个国际性的研究团队称他们的工作"为研究人类在造成灾害性天气方面的影响，例如 2003 年欧洲热浪、2010 年巴基斯坦洪水和俄罗斯热浪、2011 年得克萨斯高温，以及最近欧洲的洪水又加上了一份铁证"。

考虑到近期北半球极端天气事件的破坏性，极端天气的增加会对人类社会造成巨大威胁，各国应该对此进行严肃规划。

气候变化影响龙卷风的形成吗？

龙卷风是一种猛烈且破坏性强的天气事件。龙卷风的足迹遍布除南极洲外的世界各地每一个角落，但大多数的龙卷风发生在美国，尤其是"龙卷风走廊"地区，包括得克萨斯州、俄克拉何马州、堪萨斯州和内布拉斯加州。

2011 年 4 月，美国创下历年单日及单月产生最多龙卷风的纪录。当月发生 758 次龙卷风，其中仅在 4 月 27 日就有 316 次，因此有人将这场灾难称为"飓风'卡特里娜'式的龙卷风暴发"。美国国家海洋大气局指出,"美国历史上在 4 月发生龙卷风次数最多的是 1974 年 4 月,总数是 267 次",并且"历史上发生龙卷风次数最多的月份是 2004 年 5 月,总数达到 542 次"。此后,在 2011 年 5 月,又有龙卷风来袭。其中,宽度约 0.75 英里、风速超过 200 英里 /时的龙卷风横扫了美国密苏里州乔普林市。这场龙卷风破坏力巨大,造成至少 157 人丧生。

经历了一连串反常的龙卷风袭击,人们自然而然地会问,

龙卷风
Photo by Espen Bierud on Unsplash

龙卷风的大规模暴发是否与气候变化有关系？因为这是气候研究领域相对较新且正在变化的主题，我们很难对其相关数据进行分析。此外，相关科学文献数量虽然呈增长趋势，但总量相对较少。过去的几年间，我拜访了大量龙卷风、极端天气和气候变化领域的专家。2011年，美国国家海洋大气局国家气候数据中心主管汤姆·卡尔（Tom Karl）在邮件中解释："我们现在十分确定极端强降水事件通常与暴风雨有关，并且这一对流现象正在不断增多，其形成和人类活动导致的大气成分变化有关。"

2013年9月，斯坦福大学的一项研究"温室强迫导致强雷暴环境的急剧增加"指出，"龙卷风持续的天数可能会增加"。此外，刊登在《美国国家科学院院刊》上的一篇研究文章指出，至21世纪末，全球持续变暖会导致春季发生极端天气事件的天数增加约40％。

龙卷风是"来自特定类型的风暴，我们称其为超级单体风暴"，气候学家凯文·特伦伯斯解释道，"但是它的形成需要风切变环境来加速旋转"。过去我们曾认为全球变暖将会削弱风切变，并平衡因暴风雨强度增加而产生的龙卷风数量。然而，斯坦福大学的这项研究发现，大多被削弱的风切变发生在不适

宜产生龙卷风的日子。美国国家大气研究中心气候分析部前
主管特伦伯斯写道：

> 首先，气候变化导致低空大气处于不稳定状态，
> 这是对流天气系统和风暴形成的基础。更加温暖而
> 潮湿的空气导致大气变得不稳定。
>
> 气候变化对大气不稳定性和由此带来的降雨的
> 直接影响只有5％～10％，但其造成的损失可高达
> 32％。这一影响是高度非线性的。所以这是一系列
> 连锁反应，气候变化主要影响其第一环：空气的基本
> 浮力增加。此后，空气中形成超级单体风暴或龙卷
> 风，很大程度上是随机的。

2013年12月，美国宾夕法尼亚州立大学气象学家保罗·
马尔科夫斯基（Paul Markowski）和美国国家强风暴实验室
（National Severe Storms Laboratory）资深气象学家哈罗德·
布鲁克斯（Harold Brooks）共同表示："因为缺乏连贯的龙卷风
历史记录，我们无法断言全球变暖对龙卷风的强度有何影响。"
很多科学家同意以上观点。

与此同时,美国佛罗里达州立大学的研究人员重新分析了龙卷风历史数据,使其变得更加连贯。詹姆斯·埃尔斯纳教授是这项研究的首席研究员,他在 2013 年 9 月表示,"强龙卷风带来的风险正在逐渐增加"。特别需要注意的是,龙卷风的破坏范围可能会变得更宽且更长。正如佛罗里达州新闻中所说的,"2013 年 5 月 31 日,俄克拉何马城惨遭龙卷风袭击。这场致命龙卷风的宽度达到了 2.6 英里,是历史上记载的宽度最大的龙卷风。"2013 年 12 月,埃尔斯纳在美国地球物理联合会(American Geophysical Union)的年会中向大家展示了他的新发现:

> 美国佛罗里达州立大学的埃尔斯纳教授说,我们通常以破坏带面积来衡量龙卷风的强度。自 2000 年开始,龙卷风的强度开始出现显著增加。"我无法肯定地说这是气候变化导致的,但是我认为这和气候变化不无关系,"他说道,"我认为这些观点之间存在着千丝万缕的联系。"

2014 年,埃尔斯纳在《气候动力学》杂志上发表名为《美国龙卷风出现日龙卷风总能量增加现象》的研究文章,该文章列举了他的最新研究成果。文章总结:"现在最严肃的问题是大型龙卷风产生的日子会有更密集的龙卷风暴发。这些结论与一系列预测龙卷风环境对流能量增强的模型基本相吻合。"埃尔斯纳说:"我认为这些结论表明美国龙卷风活动是气候变化的信号。当然,这一趋势也有一定可能是由报告方式的变化所致。"

2016 年 8 月的一项研究指出,美国台风活动最活跃的区域近几十年来一直在向东南方向迁移,这个结果"或许是由气候变化的影响造成的"。2016 年 12 月,《科学》杂志上的一篇论文总结道:"近半个世纪以来,美国龙卷风集中暴发(多个龙卷同时出现)的频率和超强龙卷风的数目一直在节节攀升。"然而,该论文同时表示:"目前为止不能将观测到的这些变化与之前发现的气候变暖联系在一起。"

因为这还属于新兴的研究领域,所以当我们谈及龙卷风时,最好避开"全球变暖是罪魁祸首""全球变暖是其成因"或"这是全球变暖的证据"等字眼。美国气候中心在报道埃尔斯纳的这项研究时使用的标题,便是如何描述二者联系的正面例子:"龙卷风的暴发或因气候变化"。虽然说当龙卷风过境时,其推平城市、造成人员伤亡的消息总会占据新闻头条,但是我们十分确定，人类活动排放二氧化碳导致的其他极端天气和气候的永久改变才会造成更大的损失。

气候在不断变暖，但为什么冬天依旧严寒？

正如我们在第 1 章中讨论过的，世界顶尖科学家和各国政府总结道，"气候系统的变暖是不可逆转的"，而且是一个"既定事实"。然而，住在美国东海岸和欧洲大部分地区的人们可能感觉到冬天似乎变得更加寒冷了。世界各地也仍在出现破纪录的暴风雪和严寒天气。下述几点可以解释为什么随着气候变暖，冬天依旧严寒。

首先，以北半球的人为主，很多人以大规模暴风雪的出现作为严寒冬季的典型标志。然而，正如本章前半部分所说的，相对温暖的冬季容易出现暴风雪天气，而且经常会"冷得不下雪"。此外，全球变暖意味着大气中会有更充裕的水汽来形成降水。根据气候科学的相关知识，在可预测的未来，北半球很多地方会遭遇更严重的极端暴风雪事件。这看起来或许有悖常理，但科学的目标之一便是使我们保持理智，避免误入歧途。

其次，自 1950 年以来，地球温度已经升高了约 0.56 ℃。

但这不表示冬季将不复存在，也不表示日低温不会再创新低。
1 月的平均气温仍然会比 7 月低很多很多。局部地区气温日
变化仍然很大，所以我们在很长一段时间内会看到新的低温纪
录，包括最低日最低温度和最低日最高温度。这便是为什么气
候学家在研究时更倾向于查阅一段时间内全国气温的整合数
据。因为我们不能只通过局部地区某一单独的纪录来描述全
球变暖，所以整合数据可以使我们更好地了解多次重复性事件
及更多内容。

寒冷的冬天
Photo by Jan Szwagrzyk on Unsplash

2009 年,美国国家大气研究中心发表了名为《美国高温纪录远超低温纪录》的文章,其中表明:

> 最新研究发现,随着气候变暖,过去 10 年间美国本土大陆地区创下的日高温纪录的次数是日低温纪录次数的两倍。如果我们持续大量排放温室气体,那么在接下来的 10 年间,分别创下高温纪录和低温纪录次数的比值将会急剧升高。

美国国家大气研究中心的文章参阅了在过去 60 年间,美国约 1800 个气象站的上百万条日高、低温纪录。文中指出,"如果气温没有升高,那么每年产生的日高、低温纪录次数应当基本相同。追溯至 20 世纪 60 年代和 70 年代,事实上"低温纪录次数反而略多于高温纪录次数"。然而,在 20 世纪 80 年代、90 年代和 21 世纪第一个 10 年间,"高温纪录逐渐占据主导地位,美国本土 48 个州整体上高、低温纪录次数的比例达到 2:1"。这篇研究文章发表后,高、低温纪录次数的比率还在上升。因此,在可以预见的未来,不论是美国还是世界各地,都会经常观测到日最低温度纪录的出现;但是,总体上还是最高温度纪录占主导地位。

最后,我们所认知的"寒冷冬季"是相对的概念。随着全球变暖,我们会倾向于认为冬季变得更加温暖。根据最近几年的天气状况,当我们发现冬季变得较为寒冷时,反而会觉得这是反常现象。这便是我们所说的"基线位移"(shifting baseline)现象。读者们,如果你们还不到 30 岁,那么你们可能并没有见识过低于现今地球表面平均温度的环境。

3 预估气候的影响

本章将讨论通过气候科学工程预估 21 世纪将会发生的气候现象,并将重点关注温室气体照常排放的情景,即假定全球范围内对温室气体排放不采取任何专门措施的情况下,气候在可预见的未来的趋势。本章主要根据最新科学文献和对顶尖科学家的采访编写而成。

21 世纪内如果照常排放温室气体将会对气候变化产生什么影响?

近期的科学文献已为我们敲响警钟:如果我们仍延续当前温室气体排放的模式,那么气候变化将在接下来的几十年里带来多种重大风险,其中包括:

(1)温度急剧升高,尤其是陆地,更是如此;

(2)美国西南部、欧洲南部等人口密集和农业发达的地区将会遭遇比"黑色风暴事件"出现时更为糟糕的气候环境;

(3)至 2050 年,海平面将会上升 1 英尺,2100 年,这一数字将会达到 4~6 英尺,甚至更高,此后,海平面都会以

　　每"10 年"上升 12 英寸的速度升高;

　　(4)大量海洋和陆地物种灭绝;

　　(5)极端天气事件数量激增;

　　(6)粮食安全难以维系——气候愈发不稳定,难以养活 70
　　亿、80 亿,乃至 90 亿人口;

　　(7)大量直接和间接的对健康的影响。

　　2012 年 11 月,世界银行发布了名为《降低热度:为什么必须防止全球气温上升 4 ℃》的报告。世界银行在报告中发出警告,称"极端高温热浪、全球粮食储备递减、生态系统消亡和生物多样性降低,以及海平面上升逐渐威胁到人类生命,这些都是我们朝着 21 世纪末气温上升 4 ℃的道路前进的标识"。

　　2014 年 4 月,政府间气候变化专门委员会发布了第五次气候评估报告。世界顶尖科学家和各国政府共同审阅了有关减缓气候变化和减少温室气体排放的科学文献,并解释道:"基线情景(即那些不采取更多减缓措施的情景)得出的结果是:与工业时代前的水平相比,2100 年的全球平均地面温度将比工业化前升高 3.7 ℃至 4.8 ℃"。此外,在基线情景下,升温将一直持续到 2100 年以后。近十几年来,各科学文献已经清楚表明,我们正朝着 21 世纪末气温上升 4 ℃的道路发展。但即使如此，科学家直到最近才开始详细地探寻，当前程度的全球变暖可能会对人类和其他物种，以及地球整体宜居性产生什么样的影响。

直到 2009 年 9 月，人类才在英国牛津召开第一次重要的全球科学会议，其主题为"4 ℃及以上"。2010 年，英国皇家学会发行了以"4 ℃及以上：地球升温 4 ℃的可能性及启示"为主题的特刊。特刊的总结部分表明：

> 如果全球气温上升 4 ℃，大面积耕地将变得不适宜耕作，并伴随着农业减产，因此农业部门为了适应气候变化将面临巨大的挑战。海洋酸化和海洋系统功能紊乱导致生物多样性、森林、沿海湿地、红树林和盐沼泽，以及陆地碳封存的大幅流失，地球生态系统服务功能随之退化。干旱和荒漠化地区分布范围越来越广……

> 如果全球气温上升 4 ℃，那么气候的变化将超出全球大部分地区人类和几乎全部自然系统的适应极限。

本章将会进一步地详细讨论这些影响,同时也会检验这些预测中的不确定性因素。

预估未来全球变暖中的最不确定因素是什么?

在气候变化的相关讨论中,最令人困惑的问题便是,21 世纪内地球会变暖多少,以及这一预估的不确定性因素是什么。

正如上文所述,基于当今温室气体排放路径和气候对于温

干旱及荒漠化地区增多
Photo by redcharlie on Unsplash

室气体的敏感度的最佳估算值,预估全球温度在 2100 年(或此后不久)上升 4 ℃十分合理。虽然这一数字中包含了很多不确定性因素,但是很不幸,每种不确定性因素都不能排除地球加速变暖的可能性。

21 世纪及以后,地球会变暖多少呢? 这一问题的答案主要取决于以下 4 个因素。

(1) 平衡气候敏感性——气候对于包括海冰融化和大气水汽增加等快速反馈机制的敏感性。平衡气候敏感性指大气中二氧化碳体积分数从工业时代前的水平增至 550×10^{-6} 时,全球年平均表面温度的变化。此外,气候领域中不存在重要的慢速反馈机制。大量的研究结果清晰表明,包括水汽变化在内的反馈均为很强的快速反馈机制。

(2) 按照当前的排放路径,大气中二氧化碳实际体积分数将会远远超过 550×10^{-6}。当前大气中二氧化碳的体积分数已经达到 400×10^{-6},而且正以每年超过 2×10^{-6} 的速度在上升。近几十年来,这一增长速度在持续升高。20 世纪 60 年代至 70 年代,二氧化碳体积分数的年增长速度仅为当今的一半,约为每年增加 1×10^{-6}。

(3) "10年"范围的相对慢速反馈机制,例如永久冻土融化会释放出被冻结在其中的二氧化碳和甲烷气体。过去人们一度认为,这些反馈至2100年已经无关紧要。但当前科学研究表明,慢速反馈机制可以导致全球大幅变暖——仅仅是永久冻土融化,便可以导致2100年的气温额外上升0.83 ℃。然而,最新的气候模型并没有将永久冻土融化导致的变暖考虑在内。

(4) 人们的居住地点。据估计,包括美国和欧洲在内的中纬度地区的升温,将会大大高于全球平均水平。因此,如果全球平均温度升高4 ℃,那么大部分中纬度地区的气温要升高至少5 ℃。

公众在未来气候变暖的讨论中产生疑惑的原因之一,便是媒体等科普人员只关注上述第一条,即平衡气候敏感性。2007年,政府间气候变化专门委员会在第四次气候评估报告中解释:"气候敏感性可能是在2 ℃至4.5 ℃的范围内,最佳估值约为3 ℃,并且不太可能低于1.5 ℃。虽然不能排除大大高于4.5 ℃的值,但是对于那些更高值而言,模型与观测值的一致性不如上述值好。"虽然大多数研究都倾向于选择中间值,然而也不乏选择高低值的研究。2013 年,政府间气候变化专门委员会在第五次气候评估报告中,将这一可能阈值扩大到 1.5～4.5 ℃。

10 年前,科学家预估大气中二氧化碳体积分数有可能维持在 $550×10^{-6}$(约为工业化前的 2 倍),慢速反馈机制看起来或许没那么重要,那么我们只重点关注快速反馈敏感性也无可厚非。过去的 25 年间,国际政策的目标逐渐转变,科学家也将关注点由 $550×10^{-6}$ 的二氧化碳体积分数转至 $450×10^{-6}$。政府间气候变化专门委员会为各国政府的决策过程提供了明确的科学依据,因此科学家通常认为政府会遵循这些建议。然而事实并非如此。二氧化碳体积分数的实际当量很有可能大幅超过 $550×10^{-6}$,甚至比当前排放量还要高 50%。的确,早在2007 年的评估报告中,政府间气候变化专门委员会就已经表明,照常排放情景(不采取任何气候措施)将会导致二氧化碳体积分数达到 $1000×10^{-6}$。当温室气体排放量和浓度如此之高时,无论是 3 ℃还是 2.5 ℃的快速反馈敏感性都变得无关紧要。因为不管怎样,地球都会变得无比之热。

无独有偶,在 10 年前,我们或许有理由相信慢速反馈机制在 21 世纪变暖的进程中无足轻重,但是如今的观测结果和科学分析均表明这一论点无法立足。这是因为包括永久冻土融化在内的大多数反馈机制都依赖于温度的变化。地球越热,反馈机制就会越快,其效果就会越强。因此,不断升高的温室气体浓度大大增加了这些反馈放大效应带来的风险。

然而,由于这些反馈机制十分复杂,所以气候模型通常对其忽略不计。如果我们想进一步了解反馈机制在未来的潜在影响,那就必须研究过去的气候变化。

之前地球的气候炎热阶段对我们预估未来气候有何启发?

历史或古气候记录可以告诉我们未来地球气候将会变得多暖。我们在第 1 章中已经提及,过去所有的气候变化都是外部强迫作用所致,我们称其为气候强迫。这些强迫因子包括太阳辐射强度变化、火山喷发、温室气体快速释放,以及地球轨道的变化。通过研究过去的气候,我们可以知道气候系统对于这些外部强迫作用力的敏感程度。

虽然重建近千年乃至近百万年的气候状况困难重重,但我们不仅可以通过古气候数据获得气候系统对于快速反馈的敏感性,还可以知道地球对于所有其他反馈机制的敏感性。人类活动已经导致大气中二氧化碳体积分数从工业化前的 280×10^{-6} 增加至 400×10^{-6}。2013 年,《科学》杂志刊载了一篇关于古气候温度的研究文章,参考了《迄今在北极收集到的时间尺度最长的沉积物岩心》等相关资料,并揭示了上一次地球大气二氧化碳体积分数达到 400×10^{-6} 时发生了什么。文章的第一作者解释道:

> 我们的主要研究发现,在距今 360 万年至 220 万年,北极正处在中上新世(middle Pliocene)和早更新世(early Pleistocene)的温暖气候中,而当时大气中的二氧化碳浓度与近年来相差不远。这一研究结果告诉我们未来的气候将会何去何从。换言之,地球的气候系统有可能会对微小的二氧化碳浓度变化产生强烈的反应,其敏感性可能比目前所有气候模型所估计的结果都要高。

那么地球会变暖多少呢?"首份连续的中上新世高分辨率记录"表明,"地球持续变暖,夏季平均气温为 15~16 ℃,比当前平均温度高出 8 ℃。"北极温暖期恰好与"西南极冰盖融化的长达 120 万年的时期相吻合"。事实上,中上新世的海平面要比现今高出 82 英尺。

2009 年,另外一篇发表在《科学》杂志上的研究文章通过分析更早期的气候数据发现,上一次空气中的二氧化碳浓度像今天这么高是在 1500 万年前至 2000 万年前。文章第一作者解释道:"当时全球气温比现在高 2.8～5.6 ℃,海平面大概比今天高 75 英尺至 120 英尺,在北极的海面上还没有永久性的冰盖,南极和格陵兰的冰也很少"。文章总结:"这一研究结果或可表明气候有较高敏感性"。

2011 年,《科学》杂志刊载题为《地球的过去带来的启示》的文章,该文审阅并分析了古气候数据。文章指出,二氧化碳对全球温度的影响"至少是当今计算机模型预估的 2 倍",到 22 世纪,二氧化碳水平可以达到过去地球比现在热 16 ℃ 时的浓度。

近期关于古气候的研究带来了许多重要的研究成果。例如,一篇于 2006 年发表在《自然》杂志的研究报告,通过研究北冰洋表层采集的深层海洋沉积物,进一步了解了古新世-始新世极热事件。该事件发生在 5500 万年前,"大气中温室气体急剧增多,全球广泛地出现极端高温气候"的时期。研究表明,在此期间北极气温比现在高 23 ℃,几乎达到了当前气候模型预测气温的 2 倍。30 余名作者共同总结,现有的气候模型可能缺失了某些关键的反馈机制,因而大大低估了极地放大效应。

这些变暖现象要过多久才会显现出来呢? 2006 年,《地球物理研究快报》杂志刊载的研究论文《缺乏的反馈效应,非对称不确定性和被低估的未来变暖》,分析了过去 40 万年间温度和大气的变化,并发现随着温度升高,二氧化碳和甲烷的浓度都显著升高。文章表明,"如果将这些遗漏的反馈机制考虑在内,修正当今的气候模型,那么在 22 世纪及之后的全球变暖程度要远比之前预估的大",可能仅在 21 世纪就要多上升大约1.5 ℃。那么,让我们来一起了解一下这些缺失的反馈机制吧。

永久冻土的融化如何超越气候模型的预测,并加速全球气候变暖?

永久冻土或冻土层的融化可能是碳循环反馈机制中最重要的放大效应。永久冻土融化会释放出大量的二氧化碳和甲烷,但目前政府间气候变化专门委员会所使用的所有气候模型都没有将这些反馈效应考虑在内。因此,这些模型很有可能低估了未来的气候变化。

　　冻土层或者永久冻土指保持冰冻状态(低于 0 ℃)超过 2 年的土壤。通常,植物通过光合作用吸收大气中的二氧化碳,它们死后又会缓慢地重新将二氧化碳释放回空气。然而,北极像一个巨大的冰柜,可以封存碳,而且碳的分解速度十分缓慢,至少曾经如此。现在我们正缓慢地打开冰柜的门,导致冻土层由

永久冻土的融化
Photo on Wikimedia Commons

长期碳汇逐渐变为短期碳源。

这些碳的总量有多少呢？冻土层中封存着超过 15000 亿吨的碳，接近大气中碳含量的 2 倍。虽然冻土解冻后释放出的碳多以二氧化碳的形式出现，但也有相当一部分的甲烷。甲烷是一种强温室气体，可以比二氧化碳吸收更多热量。这一现象在冰冻湿地或泥炭沼泽的冻原区域尤为明显。据估算，西伯利亚冰冻泥炭沼泽中存有 700 亿吨冰冻的甲烷气体。如果气候变暖导致泥炭沼泽干枯，甲烷随之氧化，释放出的便主要是二氧化碳气体。然而，如果泥炭沼泽保持湿润状态，那么甲烷将会被直接释放进入大气中。

在 100 年内，甲烷的增温效应是二氧化碳的 34 倍；而在 20 年内，甲烷的增温效应甚至可以达到二氧化碳的 86 倍。因为我们更担心"10 年"尺度的反馈机制，所以应当更多地关注较短的时间尺度，而非百年尺度。全球人类活动和自然排放的甲烷大约为每年 5 亿吨，所以即使西伯利亚冰冻泥炭沼泽只释放出其 700 亿吨甲烷储量中的很小一部分，也将远远超过当今的排放量，导致全球急剧变暖。研究人员监测了位于瑞典的一片泥炭沼泽，发现其甲烷释放量在 1970 年至 2000 年之间增长了 20%～60%。2005 年《新科学人》杂志曾报道，在东西伯利亚的甲烷热点地区，"永久冻土融化释放出大量甲烷，甲烷气泡从水下不断地快速涌出，即使在寒冷的冬季，水面都无法结冰"。

同在 2005 年，美国国家大气研究中心气候学家大卫·劳伦斯等人研究发现，至 21 世纪末，全球近地表 11 英尺的永久冻土都将会消失殆尽。这是研究人员首次将"全面交互气候系统模型"应用于永久冻土课题，研究表明，如果 21 世纪末的二氧化碳体积分数稳定在 550×10^{-6}，那么永久冻土的面积将从 400 多万平方英里骤降至 150 万平方英里。要知道，北极地区变暖的速度要比全球均速快得多。2008 年，《地球物理研究快报》杂志刊载的名为《北极海冰融化加速北极陆地升温和永久冻土退化》的研究文章，其中总结道："我们发现，北极西部未来的变暖程度可能会超过 21 世纪全球平均水平的 3.5 倍。加速变暖的信号已经延伸至 930 英里的内陆地区。"过去的 10 年中，海冰迅速消退，其覆盖面积和总量已降至历史新低。结果表明，内陆 930 英里处已经开始加速变暖，恰好位于永久冻土所在处。

科学家还根据不同的排放情景预测了永久冻土融化情况。2011 年，美国国家海洋大气局、美国国家冰雪数据中心（National Snow and Ice Data Center, NSIDC)共同发表了名为《气候变暖下的永久冻土碳排放量和时间》的文章。研究表明,随着永久冻土的解冻,至 21 世纪 20 年代,北极地区将由碳储存地(汇)转变为碳排放地(源)。到 2100 年,其释放出的碳将会达到 1000 亿吨。文章总结如下:

> 永久冻土解冻,冻土中储存的碳逐渐向外排放,大气中二氧化碳浓度随之升高,使地表进一步变暖,因而导致气候系统形成永久冻土碳正反馈……我们预计永久冻土碳反馈将会导致北极在 21 世纪 20 年代中期由碳汇变为碳源……永久冻土解冻释放出的碳是不可逆转的。考虑到永久冻土碳正反馈效应,若要实现控制大气二氧化碳浓度的目标,我们必须大幅度地减少化石燃料的排放量。

文章承认其低估了永久冻土碳反馈带来的升温作用,因为其假设所有的碳都是以二氧化碳而不是甲烷的形式释放出来的。该研究也未计算二氧化碳导致的多余热量。此外,文章假设的人为温室气体排放量实际要低于当今实际的排放水平,因而能得出变暖程度适中的结论。但即使如此,"至 2200 年,(永

久冻土导致的)碳排放总量将会达到自工业化时代以来人类排
入大气的二氧化碳总量的一半，"文章第一作者凯文·谢弗
(Kevin Schaefer)说道，"这些碳排放总量巨大"。

2011 年 12 月，41 位参与"永久冻土碳研究网络"项目的国
际科学家深入研究了冻土课题，并于《自然》杂志发表了名为
《气候变化：永久冻土解冻的风险》的研究文章。他们总结道：
"碳释放的速度比模型预测的更快，其造成的威胁也比原先估
计的更严重。"该研究预估，到 2100 年，(永久冻土解冻)释放出
的碳总量将会达到 3800 亿吨。经计算，永久冻土解冻释放出
的碳几乎相当于目前森林砍伐所产生的温室气体的总量。然
而，"因为冻土释放出的气体多为甲烷，其对气候的总体影响至
少会放大 2.5 倍"。

2012 年，《自然·地球科学》杂志刊载了名为《永久冻土碳
反馈或加强气候变暖》的研究文章，表明在照常排放温室气体
的情景下，解冻的永久冻土将会使二氧化碳体积分数额外增加
$100×10^{-6}$。文章检验了不同减排情景下，永久冻土解冻对温
度的影响，其中也包括我们大力减少温室气体排放量的情景：
至 2100 年，冻土解冻会导致温度至少升高 0.25 ℃，并且有可
能会升高 0.8 ℃。科学家特地强调，在照常排放情景下，2100

年之后,冻土解冻释放碳的速度将会超过海洋吸收二氧化碳的速度。照此情景,"大气中二氧化碳浓度会持续升高,地表进一步变暖,并且导致永久冻土碳反馈自行持续下去"。

2015 年,《自然》杂志刊载名为《气候变化与永久冻土碳反馈》的文章。研究人员总结,按我们当前的碳排放水平,至 2100 年,永久冻土解冻将会释放出 900 亿吨碳,推动二氧化碳体积分数升高 $60 \times 10^{-6} \sim 80 \times 10^{-6}$。22 世纪及以后,永久冻土释放速度将会维持在很高的水平。

2017 年 4 月,《自然·气候变化》刊载的《基于观测所发现的永久冻土减少也是全球变暖的一个特征》指出:全球变暖会导致更多的永久冻土解冻。温度每上升 1 ℃将会使地球上 1/4 的冻土层解冻,而这会释放出更多的温室气体。

上述科学文献清晰地说明了 21 世纪及以后,永久冻土解冻将会给变暖带来的巨大影响。2012 年 12 月,联合国环境规划署发表了名为《永久冻土暖化的政策影响》的研究文章,其结论令人尤为吃惊:

　　　　政府间气候变化专门委员会的评估报告中没有

考虑永久冻土碳反馈的影响。2007 年的第四次评估报告中的任一气候模型都未将永久冻土碳反馈包含在内。建模小组完成了第五次评估报告,并对未来变暖进行预估,但这些温度预测模型都没有将冻土因素包括在内。因此,发表在 2013 年 9 月至 2014 年 10 月之间的第五次评估报告中,仍未将永久冻土碳反馈对全球气候的影响包括在内。

然而,2017 年 5 月的一项研究表明:随着阿拉斯加冻原的迅速变暖,那里也成了二氧化碳的排放源。研究人员发现:总体上来看,2012—2014 年,阿拉斯加地区是一个大气碳排放源。这一点远超预期。该研究也首次提出北极圈将成为温室气体的主要排放源。

从中应该认识到:无论是本书还是其他引用了政府间气候变化专门委员会关于未来气候变暖或者气候影响方面的预测的新闻报道,都低估了未来的气候发展趋势。

火灾如何超越气候模型的预测,并加速全球气候变暖?

正如此前我们所讨论过的,全球变暖为火灾的发生创造了有利条件。树木和植被像是碳的储存器,可以将二氧化碳转化为氧气。如果树木和植被死于火灾,便不能继续吸收大气中的二氧化碳。此外,因为其可以储存大量的碳,一旦燃烧起来,生物能源将会重新变为二氧化碳,并逸散到大气中。这一过程使气候进一步变暖,森林野火随之加剧。这一情景便是典型的正反馈机制,或称反馈放大效应。

以加拿大、俄罗斯和阿拉斯加北部的北方(副北极带)针叶林为例,2013 年,一篇研究文章总结:"近年来在森林大火中流失的北方针叶林已经超过了过去 1 万年流失的总量"。现在每1000 年就会发生 2 万场森林野火,是过去 500 年至 1000 年间的 2 倍。文章第一作者向"美国生活科学网"解释:"人类造成的气候变暖和不断增加的森林大火之间有着非常明显的联系。"北方针叶林的碳储蓄量约占陆地(植被与土壤)总储蓄量的 30％。虽然热带森林看起来更吸引人眼球,但是其每英亩的碳储蓄量只略多于北方针叶林的一半。

更糟糕的是,大部分的北方针叶林都扎根于永久冻土和泥炭地,一旦燃烧,都会释放出大量二氧化碳。此外,野火使得永久冻土地表区域颜色更深,将会吸收更多的太阳辐射,因而加速永久冻土解冻,并向大气释放出大量的二氧化碳。世界上大部分的湿地都是泥炭地，或称泥炭沼泽地、酸沼地、沼泽地、森林沼泽。泥炭是煤形成过程中的最原始阶段，易于燃烧，是一种广泛使用的燃料。

"从碳足迹的角度来看，泥炭阴燃火灾是当今地球上影响最大的火灾"，吉耶尔莫·赖因（Guillermo Rein）教授如此解释道。他是大型火灾专家，也是2015年发表在《自然·地球科学》杂志上的研究文章《火灾和碳流失与全球泥炭地的脆弱性》的作者之一。文章警示，由于人类活动使泥土变得更加干燥，未来会有更多大型且难以停止的泥炭火灾发生。其关键原因是气候变化使泥炭变得干燥，而泥炭火灾会释放出更多的二氧化碳，因而陷入一种恶性循环，形成危险的碳循环，从而放大反馈机制。文章解释了为何科学家如此关注泥炭地的减少："全球范围内，泥炭的碳含量远远超过植被所储碳量，跟大气中的碳储量相当。"

1997—1998年，厄尔尼诺现象导致天气炎热且干旱，印度尼西亚因此遭受了灾难性的泥炭火灾，燃烧面积达2500万英亩，这是近200年来最严重的森林火灾之一。2002年，《自然》杂志上的一篇研究文章表明，自1957年有二氧化碳浓度记录开始，每年泥炭火灾所释放出的二氧化碳"相当于全球化石燃料所排放二氧化碳总量的 $13\%\sim40\%$"。

为什么泥炭火灾会释放出如此多的碳呢？2014 年 11 月，一位土壤科学家在其论文中解释道，印度尼西亚如此典型主要是因为"即使森林明火已经熄灭，泥炭阴燃仍将持续，直到土壤中的有机物燃烧殆尽"。2008 年，《自然·地球科学》杂志刊载名为《由地下水位反馈机制导致的泥炭分解对于气候变化的高敏感性》的研究文章，该文预估"全球变暖 4 ℃会导致北半球高纬度浅层泥炭中的有机碳含量减少 40%，深层泥炭减少 86%"。按我们当前的排放速率，全球变暖一定会超过 4 ℃。该研究总结："泥炭将会迅速回应 21 世纪内所预测的升温，表现为土壤中不稳定的有机碳成分在干旱期大幅下降。"

美国国家航空航天局解释了为何 2012 年夏季西伯利亚森林和泥炭沼泽地的大火可以持续数月："这个夏季破纪录的高温导致了破纪录的火灾。"当时，西伯利亚地区的平均温度达到了 34 ℃，简直超乎所有人的想象。正如美国国家航空航天局所解释的："俄罗斯肆虐的大火将会在世界范围内造成影响。一旦经明火燃烧，富含死去植物的泥炭沼泽会向大气中释放出大量的二氧化碳，加剧温室效应，并使空气质量下降而变得不适于呼吸。"

2011 年,由加拿大圭尔夫大学的梅里特·图雷茨基(Mer-ritt Turetsky)教授主导的研究发现,"北部湿地持续变干燥,严重的泥炭地火灾随之释放的二氧化碳的总量达到了现在的 9 倍"。图雷茨基说:"研究表明,当干扰因素导致水位降低时,水体对于火灾的阻拦作用消失,泥炭变得更加易燃,并且火灾会蔓延到更深的土壤层。"这便是泥炭地由碳汇变为碳源的时刻。图雷茨基作为第一作者,于 2015 年在《自然·地球科学》杂志上发表了一篇关于泥炭地的研究文章。该研究表明,"气候变化导致土壤干燥,人类活动使泥炭地水位降低,所以泥炭火灾的频率升高,范围也随之扩大"。不幸的是,印度尼西亚抽干大量泥炭地,甚至焚烧森林,将泥炭地改为棕榈种植园。这便是印度尼西亚森林大火和泥炭阴燃火灾如此多发的原因,并且引发了当地严重的空气污染。

"最可怕的事情是,未来气候变化将会导致同样的后果:泥炭地愈发干燥,"文章的另外一位作者、气候学家吉多·范德伍尔夫(Guido van der Werf)如此解释,"如果世界范围内的泥炭地都变得更容易起火,气候变化将进入永无休止的恶性循环。" 2014 年,一些研究清晰地表明,气候变化将会使我们的环境变得越来越干燥,并将导致地球上大部分可耕地被沙尘侵蚀。

2015 年的研究总结道:"在气候变化的条件下,几乎所有富含泥炭的地区都会变得更加干燥且易燃。"

是否还有其他关键的正反馈或放大反馈效应在影响着气候系统?

当前,海洋和陆地可以吸收至少一半的人为活动所排放的二氧化碳。但是随着气候变化,科学家十分担心海洋和陆地作为碳汇吸收二氧化碳的能力下降。这意味着大气中碳污染物的比重将会居高不下,并加速气候变化,导致大气中二氧化碳浓度持续升高,形成放大反馈效应。正如上文所述,随着全球变暖,森林火灾和泥炭火灾频发,树木和植被在火灾中消亡,并将一部分陆地碳"汇"变为大气中二氧化碳排放"源"。无独有偶,永久冻土解冻会释放出大量的甲烷和二氧化碳,这也会使陆地碳汇转变为碳源。

那么是否有证据可以证明陆地和海洋从大气中吸收二氧化碳的能力有所下降呢? 2014 年 9 月,世界气象组织(World Meteorological Organization,WMO)发布公告:

来自世界气象组织的全球大气监视(Global Atmosphere Watch，GAW)网络的观测资料显示，2012年至2013年的二氧化碳浓度的增长水平是自1984年以来最高的一年。初步资料表明，除了与二氧化碳排放量稳步上升有关之外，这可能与地球生物圈对二氧化碳的吸收量降低有关系。

早在2个月之前，《生物地球科学》杂志便刊载了名为《陆地与海洋碳汇对大气中二氧化碳的吸收率下降》的研究文章，更为全面地分析了全球变化，并得出相似结论。文章表示，在过去的50年间，44%的由人类活动排放的二氧化碳气体还停留在大气中。作者将"陆地与海洋碳汇对大气中二氧化碳的吸收率"定义为"陆地和海洋共同吸收大气中每单位质量多余的二氧化碳的速率"。这是测量陆地和海洋"碳汇效率"的方法，作者将其标注为"二氧化碳吸收率"。研究发现，"1959年至2012年，二氧化碳吸收率下降了约1/3，这意味着二氧化碳的增长率要高于其吸收率。"

那么碳汇效率的降低究竟意味着什么呢？"人类每向大气中排放1吨二氧化碳，每年滞留在大气中的二氧化碳都会逐渐增多",该研究的作者之一、全球碳计划的执行总监约瑟夫·卡纳德利解释道。全球碳计划团队由一组世界顶尖碳循环科学家组成,共同致力于"帮助国际科学界深入全面地理解碳循环,为政策制定者提供理论依据"。

该研究发现了陆地和海洋碳汇效率降低的原因,意义重大。其中,约40%的碳汇效率降低要归咎于碳循环反馈机制的"内禀"变化:

> 第五,基于模型运算,1959年至2013年,碳循环中的内禀机制(碳循环对于二氧化碳与碳-气候耦合的响应)的影响清晰可见,碳吸收率下降的40%都应归咎于此。这些内禀机制可以降低碳循环的脆弱性,并加强系统反馈机制……还有一个重要的问题有待讨论:在不同的排放情景下,这些内禀机制和相关反馈是以什么样的速度来降低未来碳汇效率的?

文中写道:"许多(但并非全部)反馈本质上来说是非线性的"。文章总结,"根据碳-气候耦合模型预估,在任何二氧化碳排放情景下,未来碳汇吸收率都会持续下降"。所以根据预估,陆地和海洋碳汇效率将会继续降低。我们还不确定这一现象最快何时会发生,但很可能要比过去更快。

我们已经观测到,包括永久冻土解冻和野火在内的反馈机制会减少陆地碳汇对二氧化碳的净吸收量。2012 年,英国气象局哈德利中心采用了全球气候模型,系统地研究了陆地碳循环的可能的反馈机制,并发表了名为《未来全球变暖对陆地碳循环的高度敏感性》的研究报告。研究人员发现这些反馈机制"远比之前估计的要强大"。(这些反馈机制有多强大呢?)即使只是中度排放情景,这些反馈都可以导致 2100 年的二氧化碳体积分数比不考虑反馈情况时的多。这将会导致全球温度至少升高 1 ℃,而这也仅仅是只考虑 21 世纪的情景。

海洋的反馈机制与陆地大抵相同,其对于二氧化碳的净吸收量也在逐渐降低。例如,全球变暖导致海洋层化,即海洋分为相对独立的层次结构,进而导致海洋对二氧化碳的吸收量降低。为什么呢? 海洋吸收了超过 90％的人类活动导致的全球变暖热量。大多数增加的热量进入了海水表层,导致 20 世纪海面温度上升了约 0.7 ℃。深层海水的变暖程度要相对小得多。然而,温暖的海水密度较小,寒冷的海水密度较大。这一结果正如英国皇家学会在 2011 年发表的研究报告中所述:"水柱热量差异加大表层海水和深层海水密度梯度差异,并导致上层海洋层化日益严重。"换言之,本身就比较小的表面海水密度变得越来越小。海洋层化"减小了上层海洋的混合与运输能力。因此,作为大气与中层和深层海洋交换媒介的上层海洋,变得更加独立"。

海洋变暖和其层化的后果限制了海洋对二氧化碳及其他温室气体的吸收能力,"首要限速步骤便是将这些温室气体从海水表面运输至海洋内部"。那么这一步骤是如何限制的呢?模型结果表明,海水表面温度每上升 1 ℃,海洋对大气中二氧化碳的年吸收量便会减少 140 亿吨至 670 亿吨。这意味着,至2100 年,二氧化碳吸收量会减少 30%。由于海洋变暖会减弱其作为碳汇吸收二氧化碳的能力,所以这将会成为一种主要的放大反馈机制。

与此同时,海洋酸化也会使全球温度在 21 世纪内多上升0.5 ℃。2013 年,德国马克斯·普朗克气象学研究所(Max Planck Institute for Meteorology)的研究人员发现"海洋酸化会减少硫排放量,加剧全球变暖",这也是他们于 2013 年发表在《自然·气候变化》杂志上的研究论文的题目。大气中的硫主要来自海洋,它们有利于云的形成,帮助地球降温。但正如文中所述,"浮游植物——漂浮在阳光照射的水面上的光合微生物——会产生一种名为二甲基硫(dimethyl sulfide, DMS)的化合物。其中一些二甲基硫进入大气,通过反应产生硫酸,而硫酸能够成团形成气溶胶或微小的大气尘埃。气溶胶为云团的形成播撒了种子,而云又能够通过反射阳光帮地球降温。"然而,由于海洋酸化,海洋生物释放的二甲基硫也随之减少。海洋酸化导致全球二甲基硫排放量减少,将会形成一种放大反馈机制,从而加剧全球变暖,甚至超出气候模型的预估。

海洋酸化会导致温度额外升高多少呢? 马克斯·普朗克气象学研究所研究发现,二甲基硫排放量减少会导致温度最多升高 0.48 ℃。他们总结:"我们的研究结果表明,海洋酸化会通过这样的机制加速人为气候变暖。而现在的全球预测模型并没有将其整合在内。"之前提到过,永久冻土解冻和相关碳反馈将会导致全球温度在 2100 年上升 0.84 ℃,但政府间气候变化专门委员会的评估报告中也未将其包括在内。这些结果表明,21 世纪内实际气温升高要远比政府间气候变化专门委员会所预测的 1.12 ℃高。

海平面上升会带来哪些影响？

2014 年至 2015 年的科学研究告诉我们，21 世纪及以后海平面上升的可能性令人吃惊。许多研究海平面上升的专家曾经告诉过我，到 2100 年，海平面可能会升高 2 英尺至 6 英尺。然而，当今的主流意见为，海平面只升高 2 英尺的可能性微乎其微，如果在最糟糕的排放情景下，其上限将会远远超过 6 英

被悬崖峭壁环绕的海平面
Photo by David Burner on Unsplash

尺。与此同时,科学家预计 21 世纪末海平面将以更快的速度上升,其中 1 位顶尖科学家甚至预估平均每 10 年就会升高 1 英尺。

政府间气候变化专门委员会在 2014 年第五次评估报告中预测,在照常排放情景下,2100 年底全球平均海平面将上升 20 至 39 英寸。在 2081 年至 2100 年间,海平面上升率为每 10 年 6 英寸。在其情景预估中,海水热膨胀和全球陆地冰川融化是海平面上升的最主要原因。他们认为格陵兰冰盖对未来海平面上升的贡献最多为中等程度,而南极冰盖表面融化导致的海平面上升量只占其很小一部分。然而,他们声称冰盖的变化实在难以预测:"虽然考虑了对 21 世纪全球平均海平面上升做出更高预估值的可能性,但结论是目前没有足够的证据来评估高于上述可能区间特定水平的概率。"

2013 年 1 月,一篇研究文章"以 13 位冰盖研究专家共同计算的概率分布函数,替换了第五次评估报告中对两极冰盖变化预估的不确定性"。为了得到更准确的预估结果,一篇发表于 2014 年的研究报告推翻了这一结论,并总结"至 2100 年,海平面会上升 31 英寸左右,而在最糟糕的情景下(概率不超过 5%),海平面会升高 6 英尺左右"。2013 年的研究报告中,冰盖研究专家的结论与这一观点大抵相同,但是他们对于最糟糕情景下两极冰盖变化的预估值,尤其是南极,要远远高于这篇2014 年的研究文章的结论。

2014 年那篇研究报告的作者解释道:"我们承认文章发表之后实际情况可能会有所变化。例如,近期一系列关于阿蒙森海和西南极冰盖崩塌的研究很有可能会促使专家改变其观点。"事实上,这些研究的确改变了许多我采访过的专家的观点。

2014 年 5 月,我们发现西南极冰盖不断崩塌,已经无限接近不可逆转的临界点。同时,我们发现"气候变暖导致的海水升温使格陵兰冰盖远比人们想象的要脆弱得多"。同年 8 月,我们发现在过去的 5 年里,格陵兰冰盖和西南极冰盖冰川消融的速度超过了过去的 2 倍。格陵兰冰盖和西南极冰盖各自的冰量都足以使海平面升高 15~20 英尺。埃里克·里戈诺特是美国国家航空航天局戈达德太空研究所的科学家,也是西南极冰盖崩塌的研究者之一,他向我解释道:"到 2100 年,海平面至少要上升 3 英尺,但这是政府间气候变化专门委员会所预测的上限。"

2015 年,研究人员发现了更非比寻常的结果。第一,东南极冰盖最主要的冰川之一正如西南极冰盖一样开始从地下融化,其远比预期的要不稳定、要脆弱得多。仅仅东南极冰盖崩塌,就可以"导致极端消融事件,如果该冰川消融殆尽,世界平均海平面将会上升 11.5 英尺"。第二,两篇近期的研究文章中表明,墨西哥湾暖流是北大西洋环流的重要组成部分。随着全球变暖,墨西哥湾暖流大幅削弱,其强度"创下近千年以来的新低"。此外,如果这一环流持续减弱,美国东海岸的海平面将会额外升高几英尺。此言不虚,洋流的减弱的确是美国东海岸海平面上升速度要远超平均水平的原因之一。

2015 年的另外一篇研究文章发现,自 1990 年以来,全球平均海平面上升加速比此前人们想象的更加严重。"20 世纪中期,海平面上升的增长幅度比过去所有人预计的都要大,"文章第一作者埃里克·莫罗(Eric Morrow)解释道,"这个问题比我们预想的更严重。"

2016 年 5 月,一项研究发现,南极洲东部部分冰盖仍然不稳定。同时,2016 年 12 月的一项研究发现格陵兰冰盖比大多数科学家预测的更不稳定。2016 年,《自然》杂志刊载了一篇名为《南极洲对于过去和将来全球海平面上升的影响》的研究报告,该报告表明:"在未来 10 年甚至 20 年间,各国所采取的行动会直接影响到 2100 年各沿海城市,如迈阿密、新奥尔良和开罗,能否保存下来。"该报告使用了一个三维模型对冰盖进行分析,发现到 2100 年,南极冰盖融化将导致海平面上升不止 1 米(约 39 英寸)。

近期这些研究使顶尖气候学家得出结论,21 世纪内,海平面上升水平很可能会达到我们过去预估的最大区间值,即 3 英尺至 5 英尺。如果是在最糟糕的情景下,即人们没有采取大型的气候减排行动,那么海平面上升水平要远高于此。这将会对沿海居民直接造成灾难性后果。2015 年的一项研究发现,至 2060 年,世界低海拔(海拔低于 10 米)沿海地区的人口总数可以达到 13 亿人,是现在的 2 倍。假设海平面上升速度为中等水平,那么到 2060 年,海平面将会升高 21 厘米(约 8 英寸)。若碰上百年一遇的风暴潮,那么超过 4 亿人口都将受到洪水威胁。显而易见,2050 年后的海平面上升几乎肯定会高于此水平。更重要的是,正如我们在第 2 章讨论的那样,我们还将面临风暴潮恶化给沿海地区带来的危险。正如许多科学家预测的那样,随着海平面上升,到 21 世纪中叶,美国东海岸会更频繁地出现"桑迪"级别的超级风暴。

因而,如今许多人很有可能因为海平面上升和风暴潮的袭击而迁移。当然,也会有一些国家试图采取措施来应对这一变化,例如筑海堤。然而,海堤本身造价高昂,更不用说想用它们来抵抗百年一遇的风暴,况且绝大多数的大国(如美国)都支付不起为保护它的整个海岸所需的费用。此外,像佛罗里达州南部这样的沿海地区,海岸地质也不适宜建海堤。

2017 年 11 月,由美国 13 个政府机构所撰写的报告中提到,在这样高排量的背景下,到 2100 年海平面上升 8 英尺也是

佛罗里达州的沿海街道鸟瞰图
Photo by Lance Asper on Unsplash

有可能的,并且这一数值在美国沿海地区很有可能远超全球平均值。之后,2017 年美国国会发表的《国家气候评估报告》中也提到在 2071 年到 2100 年期间,北极温度将会上升,到时格陵兰冰盖的融冰也会达到历史新高。

2017 年美国《国家气候评估报告》也发出警告:2050 年之后海平面将以每 10 年 1 英尺的速度上升,2100 年之后上升速度为每 10 年 2 英尺,这样的上升速度让人难以想象。但我们该如何应对? 迈阿密大学地质科学系主任哈罗德·万利斯在

迈阿密城市景观的航拍图
Photo by pixexid on Unsplash

2013 年的美国《国家地理》中表示,他难以想象到 21 世纪末,佛罗里达州东南部会有多少人口。而在 2014 年,他又说道:"正如我们现在知道的那样,迈阿密终会被淹没,我们不用质疑它是否会发生,这只不过是时间早晚的问题。"

沿海地区农田的海水入侵现象也是海平面上升带来的严重后果之一。随着海水水位升高,沿海地区土壤和淡水资源盐度升高。2015 年,一篇有关孟加拉国海岸盐化作用的研究发现,"至 2050 年,气候变化将导致孟加拉国西南海岸的河流盐度在旱季(10 月至来年 5 月)显著升高。这不仅会导致饮用和灌溉淡水资源短缺,也会导致水生生态系统的变化。"与此同时,土壤盐渍度升高将造成"高产杂交水稻的产量减少15.6%,也会使沿海地区农民的收入大幅降低"。研究总结,"受洪水和盐化作用高度威胁的地区的家庭相比不受威胁的地区的家庭来说,前者达到工作年龄的成年男性的外迁率、人口抚养比和贫困率要显著偏高。"

孟加拉国的情况并不是孤例。海水入侵正影响着世界各地的地下水供应和土壤资源。随着气候变暖导致的海平面上升,越来越多的海水倒灌进入尼罗河三角洲肥沃的农业区,影响到 8000 万埃及人口的粮食供应。2013 年,埃及农业研究中心的研究员马哈茂德·迈达尼（Mahmoud Medany）在接受《纽约时报》采访时谈及了海水入侵。"如果说尼罗河是生命的动脉，那么三角洲就是我们的早餐，"他说，"如果将其拿走，那么埃及将不复存在。"

21 世纪气候变化将如何引发更多破坏性的超级风暴？

我们已经讨论过气候变化使超级风暴变得更具有破坏力的几种方式，包括更强大的风暴潮和更多的降水量。气候学家凯文·特伦伯斯解释，"气温每升高 0.56 ℃，其储水能力便会提高 4％"。如果气温升高 2.8 ℃，大气中的水汽将会增多接近 20％。我们预测未来一个世纪温度最多可升高 5.6 ℃，那这也意味着水汽将增多 40％。所以这对超级风暴来说意味着什么呢？科学家认为，"两次风暴之间的间隔将会更长，可一旦风暴来袭，后果将会非常严重。这就是俗话说的，'不雨则已，一雨倾盆。'"

大量的研究也表明，我们已经观测到大气阻塞模式出现得愈发频繁，造成了主要天气系统停滞不前。这或许与高空急流的减弱和北极加速变暖有关。当一个主要的降雨或降雪天气系统出现减速或停滞现象时,该地区的降水量将会变得异常之高,甚至有可能在短短几天之内达到年均降水量。气候学家预估,接下来的10年里,全球变暖和北极暖化的速度将会激增。如果这导致阻塞天气系统更加频繁,那么我们可以预见,缓慢前行的超级风暴将会带来强度更大的洪水灾害。

此外,未来所有的沿海超级风暴,都会发生在海平面显著升高的环境里。这意味着风暴潮将会变得愈发糟糕。换言之,当海平面升高几英尺后,比飓风"桑迪"强度小的风暴就可以造成"桑迪"级别的灾害。如果按照当前海平面上升的趋势,那么21世纪中期之后,"桑迪"级别的风暴潮将在美国东海岸变得稀松平常。

以往的研究表明,"气候变暖会导致风暴潮出现的频率增加"。2013年,丹麦哥本哈根大学尼耳斯·玻尔研究所(Niels Bohr Institute)在《美国国家科学院院刊》上发表研究报告,旨在计算"温度升高后大西洋风暴潮的预估威胁"。研究人员还特别解释,全球变暖是如何影响"飓风'卡特里娜'等级的极端风暴潮的发生频率"的。飓风"卡特里娜"出现在2005年,对美国路易斯安那州新奥尔良和墨西哥湾地区造成了毁灭性打击。

他们研究发现:"最极端的天气事件对温度的变化十分敏感。由于 20 世纪以来的升温,飓风'卡特里娜'等级的极端天气事件发生的频率将会翻番。"自 1923 年以来,每 20 年就会出现 1 次飓风"卡特里娜"等级的风暴潮事件。研究发现,温度每上升 1 ℃,极端风暴潮的发生频率将增加 3～4 倍。如果温度上升 2 ℃,极端风暴潮的发生频率将会增加 10 倍之多,这意味着我们每 2 年就将遭遇 1 次强度如"卡特里娜"飓风的风暴潮。

我们在第 2 章中已经讨论过,包括北大西洋和南太平洋在内的世界各地,强度最大、破坏力最强的飓风的强度在持续增加。2014 年,《气候动力学》刊载了研究报告《全球气候变化影响近期飓风强度》,其中指出,"无论是区域还是全球,自 1975 年以来,我们已经观测到等级 4 和等级 5 的飓风的出现频率显著增加"。人类活动造成温度每上升 1 ℃,其出现频率就会增加 25％～30％。研究预估,这一趋势仍会持续,最终等级 4 和等级 5 的飓风可能会占飓风总数的 40％～50％。

未来的飓风仍然十分难以预测。全球变暖导致表层和深层海水都变得更加温暖。在同等条件下,这意味着未来轨迹相同的飓风破坏力更强、停留时间更长,甚至有可能在此前飓风强度减弱的区域强度变得更大。但我们不知道是否所有条件都能保持现状。或许全球变暖将会创造出一种新的环境,减弱飓风强度,或者改变其轨迹。正如一篇 2013 年的研究文章中所述,"全球变暖或会增加飓风的垂直切变,这不利于气旋的形成。但是一些研究表明,这一现象的影响力微不足道。"

我们相信,今后飓风会具有更大的破坏性,这是因为飓风会带来更多的降水,并且其风暴潮强度也会由于海平面的上升而增强。尽管在未来几年内飓风数量可能不会有太大变化,但超强风暴的强度会变大。

麻省理工学院的飓风专家凯丽·伊曼纽尔博士在 2016 年10 月接受英国《卫报》采访时说道:"我们预测会有更多强风暴事件发生,像等级 4 和等级 5 这类飓风虽然只占飓风总量的13％,却会带来难以想象的破坏。"她还表明,"从观测结果来看,这个理论是成立的"。

21 世纪会出现哪些类型的干旱?

近期的一些研究表明,21 世纪内,地球表面约 1/3 的居住地和耕地将面临近乎永久干旱的状况。2011 年,我在发表于《自然》杂志上的题为《下一次黑色风暴事件》的文章中,研究了相关文献,并将这种旷日持久的变暖和干旱称之为"黑色风暴化"。我采用这一术语,主要是因为 20 世纪 30 年代发生的"黑色风暴事件"似乎是对未来最恰当的类比。然而,未来持续几十年的大干旱事件要比 20 世纪 30 年代那场黑色风暴事件严重得多,"甚至比近 2000 年来任何事件都严重",一项 2014 年的由美国康奈尔大学主导的研究如此陈述。其严重程度将会和过去几乎毁灭所有文明的大干旱相同。

2014 年,在发表于《气候》杂志的名为《利用气候模型和古

旱灾
Photo by Rémi Jacquaint on Unsplash

气候资料对持续干旱风险的评估》的研究报告中,科学家分析
了在全球变暖背景下,美国西南部和世界各地出现毁灭性持续
干旱的风险。来自康奈尔大学、亚利桑那大学和美国地质调查
局的研究人员总结道:"21世纪内'10年'尺度的大干旱事件
(在美国西南部)发生的概率至少为80%,在特定地区,这一概
率甚至可能超过90%。"

如果我们仍不采取行动去减少碳污染,那么21世纪内美
国发生大干旱的风险将相当大。文章作者进一步指出:

> 我们将研究的范围由美国西部地区扩大至全球,
> 并根据三种典型浓度路径(representative concentra-
> tion pathway,RCP)情景下的碳排放量,预测了"10
> 年"期的干旱和几十年期的大干旱事件发生的可能
> 性。包括地中海地区、非洲西部和南部、澳大利亚,以
> 及南美大部分地区在内,整个亚热带地区干旱的风险
> 和美国西部的风险持平,甚至更高。

这一结论与大量近期的研究结果一致。例如,2012年,美
国国家大气研究中心发表的一篇研究报告"强化了这一论点",
表明如果我们不尽快减少碳排放量,那么21世纪60年代,美

国大部分地区、巴西、非洲、中东地区、澳大利亚、东南亚地区和
欧洲将会依次出现严重的干旱事件。到 21 世纪 90 年代，"南
欧大部分地区和美国一半地区都会出现极端干旱事件"，并且
会持续很长一段时间。

但即使在照常排放情景下，这些地区未来所要面对的气
候，要远比上文那篇 2014 年的研究文章的预测糟糕得多。因
为该文章只是"基于降水预估的分析报告"，并没有将"温度升
高"的影响考虑在内。温度升高会加剧干旱的态势，导致更多
的地表水分蒸发。作者表示，其他研究考虑了"降水减去蒸发"
的因素，对土壤湿度有着很大的影响：

> 这些研究发现，包括美国西南部在内的亚热带干
> 燥地区，将会时常出现类似于"黑色风暴事件"的干旱
> 事件。如果正如那些研究所说，这些转变已经"迫在
> 眉睫"，那么发生可持续 10 年的旱灾风险的可能性便
> 是百分之百，而发生持续时间更长的事件的风险的可
> 能性也非常之高。我们的研究只针对降水带来的影
> 响，所以文章中对长时间旱灾风险的预测只是气候模
> 型对未来气候模拟结果的最低值。

    这一问题十分关键。干旱的成因主要有二：一是长期降水量偏低，二是长时间持续高温。如果这两种因素同时出现，那么该地区将会遭到极其罕见的极端旱灾。近几年在加利福尼亚州和十几年前在澳大利亚出现的旱灾便是典型案例。正如我在《自然》杂志中所写的："升温导致蒸发量增多，一旦地表完全干燥，太阳辐射便会直接烘烤土壤，导致气温进一步升高。"这就是为什么 20 世纪 30 年代"黑色风暴事件"创造了许多美国高温纪录。这也是为什么 2011 年旱灾袭击了俄克拉何马州后，当地创下了美国单州的夏季最高温纪录。这也是为什么 2014 年旱灾袭击了加利福尼亚州后，加利福尼亚州便遭遇了历史最热夏季。

    近期一些研究试图将未来气候与升温和干旱的影响联系起来。2014 年，美国哥伦比亚大学的本杰明·库克博士带领的研究团队在《气候动力学》杂志上发表了名为《全球变暖和 21 世纪的干旱》的研究报告。该报告的作者们来自哥伦比亚大学，他们总结道："预计至 2100 年，仅仅由于降水量的变化，约 12％的土地将会出现干旱状况；但如果将大气中增加的能量和湿度考虑在内，蒸发率会更高，且干旱将会扩展到 30％的土地。"

"即使是那些预计降水量会增加的地区,气温的持续升高仍会导致该地发生旱灾的风险变大,"该报告的作者们解释道,"在全球变暖的背景下,人们对于未来干旱状况的担忧多来自对降雨量的预估,然而蒸发量持续升高也是一个很重要的影响因素。随着温度升高,土壤的湿度下降,即使是那些预计降水量会增加的地区也不例外。"这是"第一份利用最新气候模拟数据来预测降水量和蒸发率的变化对于未来干旱状况影响的研究"。文章发现,"蒸发导致的干旱或会使中纬度原本湿润的地区,例如美国大平原和中国东南大部分地区,缓慢地变为干燥地区"。

早在 1990 年,美国国家航空航天局便利用早期气候模型分析了这一问题,并在《地球物理学研究杂志》发表了题为《潜在蒸散与未来干旱的可能性》的研究报告。该报告预估,至 21 世纪中期,美国每 2 年就会遭遇一次原本 20 年才一遇的严重或极端旱灾。

库克博士和他的同事们的研究分析了照常排放情景(人类几乎不采取任何政策来应对气候变化)下 2080 年至 2099 年世界各地的"新常态"。欧洲南部的气候常态将变为极端干燥,甚至比美国"黑色风暴事件"还要更热、更干、更持久、更糟糕。整个欧洲地区都会变得难以想象。伊拉克、叙利亚，以及中东大部分地区都会出现上述新常态。

同样的新常态还会出现在中国物产最富饶的地区，以及澳大利亚、非洲、南美洲人口最密集的地区。亚马孙地区的气候常态会变得史无前例的干燥。一项 2013 年的研究表明，亚马孙地区的旱季已经比 30 年前延长了 3 周之久。仅仅是这一因素，就可以导致苍翠繁茂的亚马孙南部地区的热带雨林枝梢枯死——其原因包括降水不足和森林火险增多。预估结果表明，

苍翠繁茂的亚马孙热带雨林
Photo on Wikimedia Commons

2050 年后亚马孙地区的气候会导致枝梢枯死现象更加难以扭转，而这会导致大量储存在森林中的二氧化碳被重新释放回大气中，形成气候变化的加速反馈效应。

最后，如果这种照常排放情景下的预估真的会实现，那么中度干旱、局部地区严重干旱的气候将会变为美国西南部和中部平原物产丰富地区的新常态，以至于连续几十年都会出现类似于"黑色风暴事件"的气候，但是温度要比当时高得多。美国剩余的大部分地区的土壤的新常态将会变得不再潮湿。

2015 年，美国国家航空航天局在名为《美国西南部和中部平原 21 世纪空前的旱灾风险》的研究报告中证实了这一预测结果。美国国家航空航天局解释，该研究得出的结论是："二氧化碳的排放能急剧增加美国出现超过 30 年的大旱灾的风险。21 世纪后半叶，美国西南部和中部平原地区的旱灾要比该地过去 1000 年间的旱灾都要更干燥、更持久。"

图 3.1 展示了基于照常排放情景，美国国家航空航天局的研究对于未来北美气候的预估结果。图中颜色最深地区的土壤湿度和"黑色风暴事件"发生时大抵相同。

"历史罕见的旱灾可以持续 10 年左右的时间，如 20 世纪

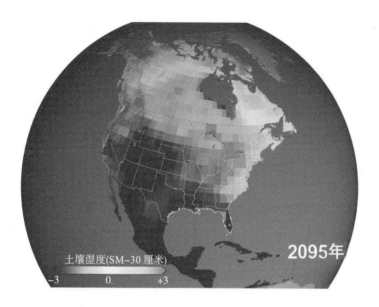

图 3.1　美国国家航空航天局依据现阶段温室气体照常排放情景对北美洲土壤湿度分布的研究

30 年代的'黑色风暴事件'和现在美国西南部的旱灾,"美国国家航空航天局的气候学家、文章第一作者本杰明·库克解释道,"这些结论表明,未来的旱灾将会与这些极端事件十分相似,但是其持续时间有可能达到 30 年到 35 年。"

为了便于比较,这份研究还追溯了中世纪美国西南部的干旱期。那次干旱期有多严酷呢? 美国华盛顿大学环境学院院长丽莎·格兰里希(Lisa Graumlich)解释,相较发生在 1100 年至 1300 年间的干旱期，"'黑色风暴事件'可以说是小巫见大巫"。那次干旱期导致内华达山脉以西所有的河流都干涸见底。这简直是一场摧毁文明的干旱期。一些研究人员认为其中的一场旱灾与"13 世纪晚期，生活在科罗拉多高原的古普韦布洛人阿纳萨齐人口数量减少有关"。

库克的研究成果具有很强的可靠性："令人吃惊的是，无论采取哪种模型或哪种土壤湿度计量方式，各地的反应是如此一致。这一切都表明，这是非常非常重要的干旱期。"

2016 年 10 月，《科学进展》刊载的一篇文章指出："如果真如前人研究的那样，降水减少、气温升高，那么本世纪美国西南部遭遇百年一遇的旱灾的可能性高达 99％。"研究总结道："如果全球温室气体排放大量减少，那么灾害发生的可能性将降低一半。"

简言之，近期的一些研究发现，人类活动排放的二氧化碳，将会导致世界上发达国家和发展中国家的动植物栖息地和耕地逐渐走向目前可预测的最糟糕的情景，持续出现长达几十年的干旱期。黑色风暴化将会变为气候变化最重要的影响之一。

气候变化对人类健康有哪些影响?

21世纪内,气候变化将对人类健康产生广泛的直接和间接影响。这些影响包括更持久、更强烈的热浪导致死亡率增加,气温升高引起城市雾霾导致的健康问题、营养不足及水源疾病增加的风险。虽然说全球变暖也有一些积极影响,主要是与严寒天气相关的疾病和死亡数量有所降低,"但从全球范围

城市雾霾
Photo by Ishan @seefromthesky on Unsplash

来看,气温升高的负面影响远大于积极影响",正如政府间气候变化专门委员会在其 2014 年的第五次评估报告《影响、适应和脆弱性》中所述的那样。

　　最令人担忧的是,政府间气候变化专门委员会已经发出具有"高可信度"的警告,如果人类还保持当今的温室气体排放水平,那么"估计某些地区某些季节的高温高湿气候会影响到人们的正常活动,包括粮食种植和户外工作"。到那时,人们夏天仅仅在户外待一段时间,健康就会受到影响,而且这些地区也

户外工作人员
Photo by Brett Jordan on Unsplash

会逐渐变得不适宜居住。

2017 年 6 月,《自然·气候变化》刊载的《致命热浪的全球危机》总结了过去 25 年间的致命热浪事件。研究人员发现,如果不采取强有力的气候行动,到 2100 年,全球变暖将导致世界上多达 3/4 的人们 1 年中至少 20 天面临高温和干旱。

虽然人们可能认为,全球变暖对人类健康的影响应该是气候变化领域中研究最透彻的主题,但事实上,医学领域和健康专家是近 10 年来才开始起步并深入探讨这一主题的。2009年,医学杂志《柳叶刀》和英国伦敦大学学院全球健康研究所共同成立了健康委员会,具有里程碑式的纪念意义。同时他们也发表了名为《管理气候变化对健康的影响》的研究文章,并对公众发出警告,"健康委员会或政策制定者并没有充分了解"气候变化对人类健康的"全部影响"。文章第一作者安东尼·科斯特洛(Anthony Costello)是英国伦敦大学学院全球卫生学院的主任,也是一名儿科医师。他说自己"仅仅在 18 个月前,才完全意识到气候变化对于健康的影响"。

"气候变化是 21 世纪全球人类健康的最大威胁。"该报告总结道,"气候变化将从以下几个方面威胁人类健康":

(1)改变传染病和虫媒传播疾病的传播模式,而且热浪也将导致死亡人数增加;

(2)食源和水源安全性降低,导致营养不良以及腹泻疾病;

(3)更频发、更猛烈的极端天气事件(飓风、气旋、风暴潮等),导致洪水和直接伤害;

(4)城市贫民区、收容所以及相对贫困的居民区的人口脆弱性增加;

(5)增加大规模人口迁移和内战的可能性。

2011年,英国国防部外科医生(海军少将军衔)综合近期的研究,在《英国医学杂志》发表了名为《气候变化、健康不良与冲突》的社论。文章指出,"气候变化对人类构成刻不容缓的巨大威胁,有损人类健康。由于一种生物可能要以另一种生物为食,群体间冲突也会不断增加。"气候变化将会对区域安全造成威胁,"将会导致混乱的移民和为有限资源,如食物、干净的水源、能源、公共卫生和公共医疗保健服务等而进行的争斗。"儿童和成人的死亡率与发病率也会随饥荒、腹泻以及其他传染病的增多而上升。作者指出,"2004年,在世界上10个5岁以下儿童死亡率最高的国家中,有7个属于社会动荡或者发生冲突后的国家。"

天气越热,地面光化学烟雾越多。据英国气象局哈德利中心所述,大气中不断增多的二氧化碳和不断变暖的气候,将会导致受到近地面臭氧威胁的人口总数达到之前的 3 倍。他们总结,以当前的排放水平,"到 21 世纪 90 年代,接近世界 1/5 的人口(约 20 亿人)将要面临远高于世界卫生组织建议的安全臭氧浓度水平"。2014 年,美国国家大气研究中心发现,至 2050 年,美国有害健康的臭氧烟雾浓度将升高 70%——除非制定强有力的法规以严格限制排放会生成烟雾的空气污染物。

气候变化还从以下几个方面影响空气质量和人体健康。"气候变化将导致美国部分地区火灾频率变大,"美国国会授权发布的 2014 年美国《国家气候评估》中写道,"火灾产生的烟雾包括颗粒物、一氧化碳、氮氧化物(NO_x)和多种挥发性有机化合物,这些均为臭氧的化学前体。火灾也会严重威胁到其发生地和下风向地区的空气质量。"根据预估结果,气候变化会导致全球各地火灾频率均有所变大,因为地球上或有 1/3 的栖息地都在同时变得既干燥又温暖,由此导致的健康影响不可小觑。2012 年,《环境与健康展望》杂志刊载了文章《对森林火灾产生的烟雾造成的全球过早死亡人数的估算》,总结说"由于森林火灾产生的烟雾,全球每年33.9万人过早死亡"。

　　许多热带病只发生在热带地区,这是因为媒介昆虫及寄生动物很喜欢温暖的环境。2015 年,世界卫生组织发表了一篇关于"被忽视的热带病"的研究报告,研究发现"气候变量和长期气候变化导致的温度、降雨和相对湿度变化,会导致这些疾病的发病率增加,分布范围扩大"。例如,世界卫生组织称,"登革热在 20 世纪本已从很多国家都消失,但现在它又卷土重来了"。2014 年美国的《国家气候评估》中表示,"气候变化和极端天气事件导致环境大规模变化,因此,如登革热等当前在美国不常见的疾病的暴发或再暴发,对人类生命健康的威胁日益加大。"

　　斯坦福大学于 2017 年 5 月发表了一份关于蚊子传播登革热病毒和寨卡病毒的研究报告。该研究发现,蚊子传播病毒的特性在增暖地区会变得越来越普遍,其中就包括美国大部分地区。前途是茫然未知的,正如细菌学家在一篇文章中提到的那样:"进化也在不断发生变化:气候变化,生物多样性改变,以及新发传染病的出现。"这篇文章是英国皇家学会杂志《哲学学报B》2015 年 4 月的以"气候变化与人类媒介传染病之间的关系"为主题的特刊的组成部分。该文章对目前我们所面临的新发传染病危机进行了研究。合著者丹尼尔・R. 布鲁克斯(Daniel

R. Brooks)解释道:"在新地区和新宿主之间传播的传染病,例如西尼罗河病毒和埃博拉病毒,是气候变化导致的结果。"同时,布鲁克斯也提到:"当然,不会出现像'仙女座菌株'(这是一种虚构的致命病毒)那样导致人类灭绝的传染病。"然而,他却对此提出警告:"未来将会在局地暴发类似病毒,这会给我们的医疗和兽医卫生系统带来很大的挑战。我们很难有足够的资金来解决这一问题,而这会导致数以千计人死亡。"

当然,我们在与热带病的斗争中取得了很多重大的进展,但这些主要是医学和公共卫生方面的研究成果。气候变化只会使全球公共卫生领域的研究难上加难。

全球变暖如何影响人类生产力?

全球变暖如何影响人类生产力,特别是户外生产力,是其最重要、也是讨论最少的影响之一。近年来,一系列研究表明,全球变暖在 21 世纪内会给劳动生产率带来巨大的负面影响,其损失或超出其他气候变化影响的总和。2011 年,一位专家在文献中总结:"气温对全国一些(非农业)部门的产出量有着非线性的影响。在高温天气中,产出量减少的速度更快。"接下来我们看看现有的其他研究成果。

2013年，美国国家海洋大气局发表名为《气候变暖带来的热应激导致生产力降低》的研究文章，研究发现"至2050年，气候变暖会导致与热应激相关的劳动生产力损失翻倍"。如果我们保持当前的温室气体排放水平，那么至21世纪末，人类的劳动生产力在高峰月份（夏季）或会降低50％。

至21世纪末，照常排放情景（典型浓度路径8.5）会导致劳动生产力大幅下降，这一趋势甚至会持续至22世纪。

2010年，美国国家经济研究局（National Bureau of Economic Research）的研究人员约书亚·兹文（Joshua Zivin）和马修·奈德尔（Matthew Neidell）发表了名为《温度与时间分布：气候变化的启示》的研究报告。该研究确定了"在美国，从事户外工作或暴露在温度下的行业工作人员一天内工作的总时长与当天的最高温度有关"。研究发现，生产力在32.2℃时出现骤减，到37.8℃时则完全丧失。2012年，美国哥伦比亚大学应用统计中心主任安德鲁·格尔曼（Andrew Gelman）对此总结："温度每升高1℃，生产力将下降2％……这便是人类生产力对于高温的回应。"而其负面影响从温度达到26℃时开始显现。

图 3.2 显示了湿球黑体温度与劳动力阈限值之间的关系。

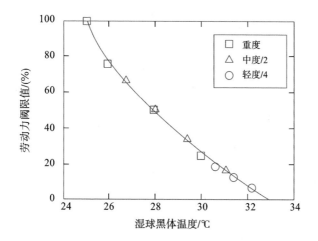

**图 3.2　通过计算湿球黑体温度（wet bulb globe temperature，WBGT）而得
到的图，湿球黑体温度是综合考察对人类生理和行为产生影响
的温湿指标**

数据来源：美国国家海洋大气局。

　　毫无疑问，生产力下降并不是气候变化对于人类生命最大
的威胁。至少在最炎热最潮湿的那几天，人们可以待在室内足
不出户。然而，这是气候模型未涵盖的、最重要的影响之一，导
致气候变化带来的损失远远高于标准经济模型预测的结果。
如果我们保持当前的碳排放水平，那么到 21 世纪中期，夏季炎
热高温的日子将会越来越多，户外工作将变得让人难以忍受。

2011 年,美国斯坦福大学发表研究报告,并预测"未来夏天将会不断变热":

> 斯坦福大学的科学家公布最新研究成果称,如果大气中的温室气体浓度持续增加,距今 20 年至 60 年后,热带地区以及北半球大部分地区夏季极端炎热天气增加的情况将不可逆转……
>
> 该研究的主导者诺亚·狄芬堡(Noah Diffenbaugh)说:"根据我们的预测,全球大部分地区夏季将迅速升温,21 世纪中叶最冷的夏季也会比过去 50 年里最热的夏季温度还要高。"

图 3.3 所示的是 2014 年美国《国家气候评估》中,依据现阶段温室气体高排放量情景预估的未来超过 37.8 ℃的天数。

如果我们没有大幅削减全球排放量,那么至 21 世纪末,美国堪萨斯州几乎整个夏天的温度都会超过37.8 ℃;在美国南部,每年至少有 5 个月的温度超过32.2 ℃,和现在的夏天截然不同。具体如来源于美国《国家气候评估》的图 3.4 所示。

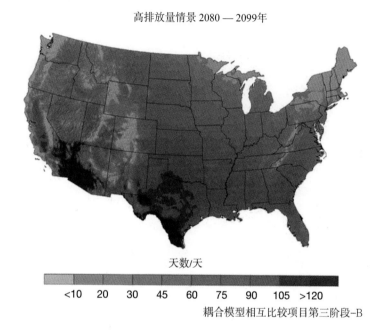

高排放量情景 2080 — 2099年

天数/天

<10　20　30　45　60　75　90　105　>120

耦合模型相互比较项目第三阶段-B

图 3.3　依据现阶段温室气体高排放量情景预估的未来超过 37.8 ℃的天数
数据来源:美国《国家气候评估》。

正如美国国家海洋大气局所述,在室外,全球变暖最终会导致"各地人类的劳动生产力在最热的高峰月份有所降低,包括密西西比河河谷下游地区"。

那这对于生产力意味着什么呢? 2012 年,所罗门·M. 西恩格(Solomon M. Hsiang)教授如此写道:

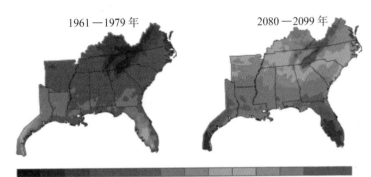

1961—1979 年　　　　2080—2099 年

0　15　30　45　60　75　90　105　120　135　150　165　180　>120
每年天数/天

耦合模型相互比较项目第三阶段-B

图 3.4 预计每年最高温度高于 32.2 ℃的天数会显著增加，特别是在地图
上所显示的高排放量情景下更是如此，到 21 世纪末，北佛罗里达
州每年将有超过 165 天（将近 6 个月）气温高于 32.2 ℃，这比 20 世
纪 60 至 70 年代的近 60 天要多，高温天气天数的增加会引发健
康、干旱和森林大火等问题

数据来源：美国《国家气候评估》。

　　在我于 2010 年发表在《美国国家科学院院刊》的
文章中，我发现了温度每增加 1 ℃，国家经济中劳动
力密集型产业的产出就会降低约 2.4%，并论证了这
是劳动者的产出量减少所致。马修·奈德尔和约书
亚·格拉夫·兹文采用了完全不同的计算方法和数
据库，并研究发现了温度每增加 1 ℃，微观数据中劳

动力供给会降低 1.8%。这两种回应都从温度达到 26 ℃ 左右时开始生效。

西恩格教授的研究表明,"全国(非农业)部门的产出量……在高温天气中减少的速度更快"。《纽约时报》于 2012 年报道,一位日本教授研究发现,在室内,"一旦温度超过 25 ℃,在此基础上每增加 1 ℃,生产力便会下降 2%"。

这些大相径庭的研究方式使用的均是毫无联系的数据集,但是竟然得出了相似的结果。这项研究本质上是关于适应性的——健康劳动者回应高温的主要方式便是减少工作量。美国国家海洋大气局指出文中的一个重要问题,使得结果变得相对保守:"该研究着重于关注健康人类的适应能力,但大大低估了热应激对于无法完全适应环境变化的人群的影响,包括小孩、老人和病人。"

西恩格教授指出(最后一句话即为重点):

值得注意的是,预测未来在变暖的经济模型中,从未将劳动者产出的降低考虑在内……尽管 50 年前的研究结果就已经表明,温度对劳动者的产出有着重要影响……我在论文中采用了上述数据,对其进行粗略的估算。结果表明,2080 年至 2099 年,在缺乏强适应力的情况下,仅仅生产力降低就会导致人均产出量减少 9% 左右。仅这一损失就超过了其他全部预测经济损失的总和。

这一结果表明,现有模型对于气候变化带来经济损失的预估,或许要比实际损失的一半还低。

21 世纪二氧化碳的排放量对人类健康或认知水平有什么影响?

目前,我们已经广泛认识到二氧化碳对人类的直接影响,并对此进行了深入研究。但是我们仍然不确定碳污染会对人类造成哪些潜在的重要影响。很少有研究涉及 600×10^{-6} 或 1000×10^{-6} 的二氧化碳体积分数会对人类的工作表现有怎样的直接影响。然而,近期一些研究表明,21 世纪末室内常见的二氧化碳的暴露水平会导致人类决策水平严重受损。

来自美国劳伦斯伯克利国家实验室室内环境组和纽约州

立大学上州医科院的研究人员发现,"当二氧化碳体积分数从
600×10^{-6} 上升至 1000×10^{-6} 时,9 项决策能力测试指标中的
6 项出现中度或明显的降低"。这篇研究报告是基于匈牙利研
究人员的一篇研究报告,后者称二氧化碳的体积分数为
3000×10^{-6} 时可以对人类决策表现造成显著的负面影响。此
后,劳伦斯伯克利国家实验室就通风率展开了新的研究,尽管
并不是单纯复制之前的研究,但新的研究发现"和之前那项研
究的结果相同,二氧化碳浓度增高会导致人类决策表现下降"。
2015 年,来自丹麦的研究人员研究了其对于工作表现(并非高
级认知能力)的影响,发现了更加错综复杂的结果。文章第一
作者帕维尔·沃戈基博士对我说:"在现实世界里,过高的二氧
化碳浓度和人体自然分泌的物质,共同影响着人类神经系统和
工作表现。"

2015 年秋天,由哈佛大学公共卫生学院的约瑟夫·艾伦
(Joseph Allen)博士主导的一项研究肯定了劳伦斯伯克利国家
实验室关于二氧化碳浓度和人类决策表现的研究成果,但是这
一副作用在二氧化碳体积分数为 930×10^{-6} 时就开始显现。
研究表明,二氧化碳体积分数每上升 400×10^{-6},参与者的认
知能力得分平均下降 21%。当二氧化碳体积分数达到 $930 \times$

10^{-6}时,9 项决策能力测试指标中的 6 项出现了中等程度降低;而二氧化碳体积分数达到1400×10^{-6}时,其中 8 项决策能力测试指标都发生了大幅下降。

仅凭这几份研究报告,并不能就此对二者间的联系下定论。然而,文章合著者、劳伦斯伯克利国家实验室室内环境组组长威廉·菲斯克(William Fisk)对我说:"任何可能会降低人类认知表现的事物,无论大小,都值得我们深入探索。"当我们讨论一个可能影响数亿人,且此后还会在很长一段时间内影响着我们后代的问题时,这一点尤为珍贵。如果初步研究已经展现了人类的未来,那么科学家和医疗工作者就应该围绕以下方面去检验我们这些研究成果:在二氧化碳暴露时间延长后,这些结论是否仍然适用?在面对高浓度的二氧化碳时,是否有某类人群特别脆弱?二氧化碳浓度对人类认知产生负面影响的临界值是多少?

在人类进化和近代史中,二氧化碳体积分数始终浮动在180×10^{-6}至280×10^{-6}这一区间里。在那时,人们大多数时间待在户外,或并不严丝合缝的空间里。当前的二氧化碳体积分数是400×10^{-6},并以每年超过 2×10^{-6}的速度增长。如果我们不迅速大幅降低二氧化碳排放量,那么这一增长速度会变得越来越快,我们将有可能面临大气中二氧化碳体积分数达到 900×10^{-6} 以上的环境。2015 年 12 月的巴黎气候大会上,各主要国家纷纷做出减排承诺,防止二氧化碳浓度继续攀升。另一方面,正如上文所述,气候模型没有考虑那些主要的碳循环反馈放大效应。因此,即使我们成功达成国际气候协议,室外二氧化碳的浓度仍然存在着一定的风险。

然而,由于人类不断呼出二氧化碳,室内的情况则有所不同。这意味着人们工作和生活的建筑物内,二氧化碳浓度要比室外的高得多。此外,如果越来越多的人涌入一个相对狭小的空间,并且通风条件不是很理想,那么这个差距会不断增大。正如艾伦博士所说,室外二氧化碳浓度越高,降低室内二氧化碳浓度所需的通风率就越高。

那么室内二氧化碳浓度有多高呢?劳伦斯伯克利国家实验室在研究中表示,"据调查,加利福尼亚州和得克萨斯州小学教室内的平均二氧化碳体积分数超过了 1000×10^{-6},其中很大一部分都超过了 2000×10^{-6}。在得克萨斯州,有 21% 的教室内的二氧化碳体积分数峰值超过 3000×10^{-6}。"在 1 份 100 间办公室的样本中,"其中 5% 的室内二氧化碳体积分数峰值超过 1000×10^{-6}",而室外体积分数大约为 400×10^{-6}。一项研究发现,"在做出最重要的决策时,办公室内二氧化碳浓度会显著攀升。而一场 30～90 分钟的会议,就可以使二氧化碳体积分数飙升至 1900×10^{-6}。"

　　劳伦斯伯克利国家实验室的研究还发现,"在一些交通工具(飞机、船、潜水艇、汽车、公交车和卡车等)中,由于系统构造不透气,外加承载密度偏高,二氧化碳的浓度通常相对较高"。哈佛大学研究团队监测了商用飞机中的二氧化碳体积分数,发现其通常位于 1300×10^{-6} 至 1600×10^{-6} 这一区间,但最高值

飞机机舱内实景
Photo by Suhyeon Choi on Unsplash

竟然超过了 11000×10^{-6}。一些研究表明,如果汽车关闭了通风系统,或使用空气循环系统,那么车厢内的二氧化碳体积分数也会非常高。

重要的是,我们需要了解,当二氧化碳体积分数达到 900×10^{-6} 至 1000×10^{-6},甚至更低时,人们的决策能力是否会出现显著下降。这个问题的答案是肯定的。这是因为在 21 世纪,室外二氧化碳浓度在不断升高,室内二氧化碳的浓度也随之上升。假设 21 世纪或以后大气中二氧化碳体积分数达到了 700×10^{-6} 左右,那么将室内二氧化碳体积分数保持在 900×10^{-6} 至 1000×10^{-6} 这一区间的可能性微乎其微。一项 1997 年的研究表明,城市室外环境中二氧化碳的体积分数要比周围高约 100×10^{-6}。

既然已经知道人们经常暴露在二氧化碳体积分数超过 1000×10^{-6} 的环境中危害很大,你可能会想问为什么我们没有尽早判定损害人类决策能力的二氧化碳浓度的临界值。菲斯克博士告诉我,我们已经看到通风不良导致的较高二氧化碳水平与学生的缺勤率升高有关,也与学业任务中较差的表现有关。劳伦斯伯克利国家实验室和纽约州立大学的研究中解释了为什么过去不曾进行二氧化碳专项研究:

之前的研究发现,室内二氧化碳浓度越高,表明人均室外空气流通率越低,人们对于室内空气质量的不满程度上升,身体也会出现更多的急性病症状(如头痛和黏膜刺激等),导致工作速度减慢、请假或旷课频率增加。过去研究人员对这个问题的普遍认识是,之所以有这种联系,仅仅是因为二氧化碳浓度高意味着室内外通风水平低,因此对人体造成直接负面影响的室内空气污染物的浓度升高。

这也就是说,科学家过去一直认为是挥发性有机化合物(如甲醛)和其他对人体造成损害的污染物引发的室内空气质量问题,而二氧化碳水平只是恰好相对较高。这导致人们认为"建筑物中的二氧化碳体积分数(通常约 1000×10^{-6},最高可达5000×10^{-6})不重要,不足以直接降低我们的认知水平、健康水平或工作表现"。

劳伦斯伯克利国家实验室在研究中严格控制了其他变量,只是增加二氧化碳体积分数。那他们有什么新发现呢?基于评估高认知水平的决策仿真测试,研究发现"参与者的决策表现显著下降":

当二氧化碳体积分数从 600×10^{-6} 上升至 1000×10^{-6} 时，9 项决策能力测试指标中的 6 项都有一定程度降低。当二氧化碳体积分数从 600×10^{-6} 上升至 2500×10^{-6} 时，9 项决策能力测试指标中的 7 项发生大幅降低，其中一些指标甚至降低到了边缘值或功能失调的水平。

而哈佛大学公共卫生学院的研究则使用了劳伦斯伯克利国家实验室研究中的评估认知水平的决策仿真测试。他们采用了稳定的"双盲"检验，即不论是参与者还是数据分析人员都无法确切知晓每天所模拟的环境条件。哈佛大学研究人员十分好奇这一测试对于成年办公室职员有何种影响，因为他们的暴露时间较长（整个工作日），还受到二氧化碳、通风率和挥发性有机化合物的共同影响。不考虑研究设计差异，哈佛大学研究人员表示，这一结果"与劳伦斯伯克利国家实验室的研究结果一致，两项研究的研究对象都表明脑力工作者和学生受到二氧化碳的影响相当，并且不论暴露时间长短，高浓度二氧化碳都会对认知水平造成损害"。

仅凭劳伦斯伯克利国家实验室的研究报告及后续研究，哈佛大学的研究报告,以及最初的匈牙利研究报告,仍无法确定高浓度的二氧化碳对人类决策水平究竟有何影响。虽然哈佛大学的研究采用了整个工作日的暴露时长,并指出"暴露时间更长并不会导致大脑脱敏或出现补偿性反应",但是我们依然不知道更长时间地暴露于如此高浓度的二氧化碳中会产生什么样的影响。我们不知道在不断升高的二氧化碳水平中,人类分泌物究竟会起什么作用。我们不知道小孩、年长者或有某种病史的群体是否会受到相对更大的影响。我们也不知道二氧化碳对人类认知产生负面影响的最低阈值是多少。然而,认知或生产力微小的变化,就可能会造成巨大的影响。因此,正如菲斯克所言:"我们需要开展更多的研究,以便进一步确认这些发现。"

什么是海洋酸化? 它为什么对海洋生物如此重要?

海洋能够吸收人类排放的二氧化碳总量的 $1/4$。二氧化碳溶解于海水中,形成碳酸,导致海水酸化。所以,自工业革命以来,海洋的酸性增加了约 30%,用于衡量海水酸性的 pH 值在不断降低。

当前海洋的酸化速度是过去的 3 亿年所未有的,甚至超过了历史上 4 次由于大规模的二氧化碳自然释放导致地球生物大规模灭绝时期的酸化速度。2010 年,《自然·地球科学》杂志刊载的名为《大规模的二氧化碳释放情况下钙质海洋生物的脆弱性》的研究报告,发现当今海洋的酸化速度比 5500 万年前海洋生物大规模灭绝时期还要快 10 倍。2015 年 4 月,《科学》杂志刊载的名为《海洋酸化和二叠纪-三叠纪集群灭绝事件》的研究报告,发现大量的二氧化碳迅速排入大气,导致海洋突然

海洋酸化图解
Photo by Biochemlife on Wikimedia Commons

酸化,海洋生物大规模灭绝。

为什么海洋酸化会使海洋生物面临巨大威胁呢？据美国国家海洋大气局解释,二氧化碳在水中溶解,就会与水分子产生化学反应,减少"海水中碳酸钙矿物的饱和度,而很多海洋生物需要这些碳酸钙矿物来构建它们的外壳和骨骼"。在富含多种海洋生物的海水中,碳酸钙矿物处于过饱和(过剩)状态,可以被包括珊瑚、软体动物和一些浮游生物在内的"钙化生物"所利用。随着海洋吸收越来越多的二氧化碳,越来越多海水中的碳酸钙矿物饱和度下降,这些钙化生物也因此面临巨大威胁。2014年,世界气象组织表示,除了钙化降低之外,"酸化对海洋生物群的其他影响还包括可降低存活、发育、生长速率,以及抑制生理功能变化和生物多样性"。

于2015年发表在《科学》杂志上的一篇研究文章总结,发生在2.52亿年前的二叠纪-三叠纪集群灭绝事件是"已知的历史上最大规模的物种灭绝事件"。由于火山喷发,大量二氧化碳先是缓慢地排入大气,随后又迅速释放出来。研究人员发现,"在灭绝的第二阶段,大量的碳迅速排出,导致海洋酸化事件突发,重钙化海洋生物群落走向灭亡"。这次灭绝事件有多严重呢？它不仅导致90%的海洋生物灭绝,还造成70%的陆地动植物灭绝。

　　长久以来,气候学家都格外关注海洋酸化,其中一部分原因是海洋酸化会影响世界粮食产量。2009 年 6 月,70 位美国国家科学院的成员签署了关于海洋酸化的共同声明。这些来自主要发达国家和发展中国家的科学家发出警告,称"海洋酸化在至少数万年间都是不可逆转的",而且"海洋酸化使海洋水产品供应严重不足,影响渔业产区的粮食生产和安全,以及人类的健康和福祉"。

　　据估计,仅珊瑚礁就养活了约 1/4 的海洋生物。美国国

海底珊瑚礁
Photo by Q.U.I on Unsplash

家海洋大气局解释："生活在珊瑚礁生态系统中的鱼类为超过5亿人口提供了重要食物来源。"海水变暖和海洋酸化已经对世界各地主要的珊瑚礁造成了巨大伤害,这些珊瑚很大可能会在21世纪内消失。澳大利亚海洋科学研究所(Australian Institute of Marine Science)前首席科学家、海洋科学家、资深珊瑚专家 J. E. N. 韦龙(J. E. N. Veron)写道："科学研究已经明确表示,如果我们不改变生活方式,世界各地的珊瑚礁将会在我们下一代的有生之年消失殆尽。"

2007年,发生在美国西海岸俄勒冈州和华盛顿州的"牡蛎崩盘"事件足以说明,海洋酸化和碳污染已经对美国牡蛎养殖业构成重大威胁。正如美国国家海洋大气局所说,"美国西海岸的水产养殖业和自然生态系统中的牡蛎繁殖几乎全部失败",牡蛎幼苗死亡总数超过百万。这是为什么呢? 我们原本以为,这是因为沿海水域迅速酸化,导致牡蛎幼苗无法构造生存所需的外壳。然而,《自然·气候变化》杂志于2014年12月刊载了一篇关于太平洋牡蛎和紫贻贝幼苗的研究报告,表明"幼体在最初阶段对(碳酸钙)饱和度更加敏感,而不是对二氧化碳或 pH 更敏感"。因此,最重要的问题是海水中现有的碳酸钙总量占能溶解的最大值的比重。

该研究结果表明,不断升高的二氧化碳浓度正在以惊人的速度威胁着海洋生命。文章主要作者、俄勒冈州立大学海洋生态学家和生物地球化学家乔治·沃尔德巴瑟(George Wald-busser)解释了这一原因:

> 牡蛎和贻贝幼体对(碳酸钙)饱和度十分敏感,而二氧化碳浓度增加会降低(碳酸钙)饱和度。而仅在"几十年到几个世纪内",我们就会突破(碳酸钙)饱和度的安全阈值,这要比二氧化碳增加和 pH 下降对贝类幼体造成威胁早得多。沃尔德巴瑟说:"举例来说,在不越过饱和度安全阈值的条件下,按目前的变化速率,俄勒冈州近海水域已经没有太多可以吸收二氧化碳的海水了。"

研究表明,海洋二氧化碳水平上升带来的恶果远比预期来得快。

什么是生物多样性? 气候变化将如何影响它?

"生物多样性"是"生物种类的多样性"的简称,它包括了地球上各种各样的生命形式。亚马孙热带雨林和珊瑚礁等生态系统拥有丰富的生物多样性,涵盖各种各样的动植物群体。2010 年,英国皇家学会杂志《哲学学报 B》的以"变化世界中的生物多样性"为主题的特刊总结:"当今物种灭绝的速率之快在化石记录中是前所未有的。"2014 年,杜克大学的生态学家斯图尔特·皮姆(Stuart Pimm)等人在《科学》杂志上发表了名为《物种的生物多样性及生物灭绝速率、分布范围和保护》的研究报告。文章总结,"人类活动造成物种灭绝的速率是环境背景灭绝速率的 1000 倍。这一结果比之前预期的速率要高,但仍有被低估的可能性"。

当今的集群灭绝原因复杂,但人类活动是罪魁祸首,包括毁坏生境、过度捕捞和过度狩猎。气候变化的一些方面已经开始作用于物种灭绝,但生物学家最关心的还是接下来的几十年全球将会加速变暖,而气候变化的速度已超出许多物种的适应能力。

我们已经知道当前海洋的酸化速度甚至比海洋集群灭绝时期的还要快,而碳污染对海洋的伤害远远不止使其酸化。事实上,碳污染会通过耗散海洋中的溶解氧导致海洋生物窒息,从而导致死区的产生和扩张。正如 2015 年美国《国家地理》报道的那样,人类将看到溶解氧量降低所带来的后果:"西北太平洋的海水溶解氧量从 2002 年开始突然下降,导致海参、海星、海葵和珍宝蟹窒息而死。"

由于温度较高的水较温度较低的水可溶解的氧气少,科学家早就预测到,碳污染导致地球变暖将会使海洋中溶解氧量下降。发表于 2017 年 5 月的一篇报道指出,这一现象比预期变化更迅猛。佐治亚理工学院的研究人员通过研究 1958 年以来的海洋观测数据,发现 20 世纪 80 年代以来,随着海温上升,溶解氧量开始下降。首席研究员伊藤孝(Taka Ito)指出,"氧气含量下降速度比我们根据海洋变暖导致的溶解度下降预测的要快 2～3 倍。"

2014 年,英国皇家学会指出,"热带森林是一个巨大的生物储藏室。它们也在以前所未有的速度减少。"亚马孙森林正经历着百年一遇的大干旱。亚马孙地区的干季已经比 30 年前延长了 3 周之久。一些研究表明,气候变化会使亚马孙地区的气候变为中度至重度干旱。

确定气候变化是如何影响生物多样性的过程错综复杂。

例如,正如皮姆博士在 2014 年所说:"大多数的物种对科学而言仍是未知的存在,而它们受到的威胁要比已知物种大得多。"此外,物种灭绝是一系列因素共同作用的结果,其中很多因素与人类活动直接挂钩,因此我们的行为可以影响物种灭绝的速度。当然,如果气候变化的速度不会过快,物种还可以迁徙或者适应。此外,正如政府间气候变化专门委员会在其 2014 年第五次评估报告中所说的,人类正在不断地帮助其他物种生存,甚至会对"迁徙和扩散的物种"伸出援手。但即使如此,政府间气候变化专门委员会仍然发出警告称,我们现在正在经历"显著的物种灭绝……气候变化的强度和速度会导致其风险增大"。

2011 年,《自然·气候变化》杂志刊载名为《全球气候变化导致隐性生物多样性减少》的研究报告,表明生物多样性不仅仅是指物种的种类。这是全球首份"采用遗传多样性来定量分析生物多样性丧失程度"的研究报告。隐性生物多样性"包括所描述物种的遗传变异和变异的多样性"。分子遗传学的发展是进行这类研究的基础。德国生物多样性和气候研究中心(German Biodiversity and Climate Research Center)的科学家表示:"如果气候继续以当前的速度变暖,那么全球范围内将会有接近 1/3 的动植物灭绝。"然而,他们的研究发现"生物多样性的实际丧失程度应当更高,至 2080 年,一些特定的生物将会丧失它们超过 80% 的遗传多样性"。物种本身可能会存活下来,但"在各地独特的遗传多样性将会消失殆尽",文章合著者卡斯滕·诺瓦克(Carsten Nowak)博士解释道。正是因为物种的遗传多样性,它们面对气候和栖息地变化的适应能力才会增强。一旦丧失遗传多样性,物种的长期生存率会随之降低。

最后,一方面,新技术和新政策使得人类可以更好地保护这些濒危物种;另一方面,气候变暖的速度太快,导致人类保护濒危物种的难度不断增大。尤其是当温度过高时,人类只能选择养活并保护人类自身。

气候变化如何影响农业部门和我们为不断增长的世界人口提供口粮的能力?

21 世纪中叶以后,气候加速恶化,我们将要面临为 90 亿人口提供口粮的难题,这可能是人类历史上最大的挑战。我们正在研究百年一遇的风暴所带来的影响,并预测"黑色风暴现象"将会成为大多数粮食进出口国的常态。一旦印度、中国和美国等国家用于维持农业生产的重要含水层逐渐枯竭,这一现象就会开始发生。此外,冰川是很多河流系统的天然水库。如果冰川体积缩减或消失,农作物的夏季供水将会进一步减少。

世界每个角落都在遭受着强降水、洪水、干旱和高温等极端天气事件的袭击,给农业生产带来巨大损失。与此同时,海平面上升导致海水侵蚀日益严峻,严重威胁到世界上最富饶的农业区,例如尼罗河三角洲和恒河三角洲。此外,海洋酸化、海水温度升高、海洋渔业的过度捕捞以及海水溶解氧减少共同导致了海味品供应量大幅降低。

在需求方面,据联合国粮食及农业组织(Food and Agriculture Organization of the United Nations, FAO)估算,全球有 8 亿人口仍面临长期营养不良的困境。据很多研究预估,在接下来的几十年里,人口将会十亿十亿地增加,世界人口可能会达到 100 亿。同时,数亿人开始步入中产阶级行列。如果他们沿袭了前人的生活方式,那么他们的日常饮食习惯会逐渐由原本以谷物类食物为主转向以肉类食物居多,而生产食用肉类所需的土地面积和水资源是生产相同热量的食用谷物的 10 倍以上。

2012 年，世界银行发布了名为《扭转升温趋势：为什么必须防止全球升温 4 ℃》的报告，针对粮食供应危机发出了前所未有的警告。世界银行表示，最新的科研成果要比政府间气候变化专门委员会在 2007 年的第四次评估报告中的预测结果"更加消极"：

　　这些结果表明，随着地球升温，粮食减产的风险急剧加大。印度、非洲、美国和澳大利亚等地会出现更多例极端高温天气事件的负面影响。我们观测到美国部分地区的温度已经对农作物的产量产生了严重的非线性影响，例如玉米减产的温度阈值是 29 ℃，而大豆则为 30 ℃。这些观测证据和运算结果均表明，如果全球温度上升 4 ℃，并超过高温阈值，那么全球粮食安全将受到严重威胁。

而这仅仅是温度升高的结果而已："这些风险都是只考虑海平面上升一个因素对低洼三角洲地区农业的不利影响。"此外，海洋酸化正威胁着海味品。最后，气候正在"黑色风暴化"：

　　报告还表明，当前全球耕地受旱面积的比例将从

当前的 15.4% 上升到 2100 年的 44% 左右。未来 30
年至 90 年间，旱情影响最严重的地区是非洲南部、美
国、欧洲南部和东南亚地区。报告预测，如果全球温
度上升 5 ℃，那么非洲 35% 的耕地将不再适合种植
农作物。

这些结论背后的科学依据是什么呢？《科学》杂志上的一
篇研究文章发现，2100 年，热带和亚热带地区的人口将超过 50
亿人。按照中等强度的温室气体排放情景，那时农作物生长期
的温度"将会超过 1900 年至 2006 年中最极端的高温纪录"。
《前所未有的季节性高温威胁未来的粮食安全》一文的作者总
结道："2100 年，地球上超过半数的人口都将面临气候变化导
致的粮食危机。"

麻省理工学院的经济学家研究发现，"气候变化使贫穷国
家的收入中位值减少了 50%"。该研究假设温度在 2100 年将
升高 3 ℃，但这比当前的实际排放情景下的预测结果要低得
多。美国国家海洋大气局的科学家进一步研究发现，一些地区
的降雨量甚至可以减少至"'黑色风暴事件'时期的降雨水平"。
更糟糕的是，"黑色风暴事件"的影响只持续了数十年，但"即使

停止排放,气候变化的影响在 1000 年内基本不可能逆转"。换言之,地球上大部分的耕地都会直接变为荒漠。

我在发表于《自然》杂志的一篇名为《下一次"黑色风暴事件"》的文章中写道:"人类几乎不可能适应长期的极端干旱气候。从历史角度来说,人类对"黑色风暴化"最初的适应方式是抛弃;而'desert'(沙漠)一词是由拉丁语 desertum 演变而来的,意为'被抛弃的土地'。"在美国"黑色风暴事件"期间,大约有 250 万人逃离了大平原地区。

然而,我们现在所面对的是长时间持续性的多重干旱,而且其范围还在持续向非耕地地区扩大,逐渐蔓延至人口密集的城市中心以及全球粮食供应地。2014 年,研究报告《全球变暖和 21 世纪的干旱》的作者总结道:"蒸发率升高导致的干旱意味着……美国西部和中国东南部重要的小麦、玉米和水稻种植带将会遭受干旱的威胁。"

报告的第一作者是来自美国国家航空航天局和哥伦比亚大学的本杰明·库克博士,他表示我们将会使"美国西部的水文气候产生根本性的变化"。这场干旱也蔓延至农业富饶的中部大平原地区。研究警告我们,2050 年后,这些地区的干旱事件"将会比近 1000 年以来的任何一场旱灾更干燥、持续时间更长"。考虑到西部飞速增长的人口数,我问他是否每个人都可以享受足够的水资源,他回答:"有可能,但必须剔除农业用水的因素。"然而,这并不是解决办法。美国哥伦比亚大学拉蒙特-多尔蒂地球观测所(Lamont-Doherty Earth Observatory)的气候专家、文章的合著者理查德·西格(Richard Seager)进一步表示,"天气原因导致某地农作物减产,其他地区通常会对该地区提供援助,以避免出现粮食短缺。然而,随着未来天气变暖,各地农作物产量均会下降。"这会导致粮食价格冲击"愈发常见"。

国际发展及人道援助机构乐施会(Oxfam)预测,未来几十年内,全球变暖和极端天气事件将共同导致粮食价格飙升。他们总结,2030 年小麦价格将上涨至现在的 3 倍,而玉米价格将惊人地飙升至现在的 6 倍。

2014 年,政府间气候变化专门委员会表示,人类正面临着"与气候变暖、干旱、洪水、降水量变率和极端事件相关的粮食系统崩溃的风险"。这是其 2014 年报告《影响、适应和脆弱性》中的重要结论,且各成员国政府也对此进行了逐字审阅。政府间气候变化专门委员会指出,"主要粮食生产区极端气候事件引起粮食和谷物价格在几个时段快速增长,这表明除其他因素外,极端气候事件也是当前市场的一个敏感因子。"所以,变暖导致的旱灾和极端天气事件已经开始威胁粮食安全。

试想地球上的人口不断增加,并且深受气候灾害影响。政府间气候变化专门委员会警告称,这样的气候变化会"延长现有的贫困并产生新的贫困,后者在城市地区和新出现的饥荒重点地区尤为突出"。你可能会认为,既然地球必须养活如此庞大的人口总量,那么科学家应当早已充分研究了大幅升温情景下未来农业的状况。然而,政府间气候变化专门委员会却指出,"很少有研究考虑全球平均温度上升 4 ℃ 或更高对种植制度的影响。"

虽然我们正在走向全球平均温度上升 4 ℃ 或更高的未来,但我们仍然没能科学地了解未来的气候变化将会对农业和粮食供应产生的全部影响。政府间气候变化专门委员会简单地指出,当前不限制碳排放量的情景(典型浓度路径8.5)会导致粮食供应风险增加:"在高排放情景(典型浓度路径 8.5)下,到2100 年,估计某些地区某些季节的高温高湿气候会影响到人们的正常活动,包括粮食种植和户外工作。"如果地球平均温度真的上升 4 ℃ 及以上,那么养活 90 亿人或更多人口将会变得难上加难。

气候变化如何影响到国家、地区以及全球安全？

气候变化将"增加内战和群体间暴力等暴力冲突的风险"。这是政府间气候变化专门委员会 2014 年报告《影响、适应和脆弱性》的重要结论。2015 年，一项研究表明气候变化助推了叙利亚冲突。2014 年，美国国防部研究总结，"气候变化……给美国带来了迫在眉睫的国家安全风险"，影响包括"加剧全球不稳定性、饥荒、贫困和冲突等因素的挑战"，并且可能导致"粮食和水资源短缺，传染病肆虐，以及激化难民和资源间的冲突"。

政府间气候变化专门委员会审阅了大量且不断增加的关于气候变化的种类与冲突的文献，并重点指出：

> 气候变化会扩大众所周知的冲突诱因，如贫困和经济冲击，从而间接增加内战和群体间暴力等暴力冲突的风险。多重证据证明可将气候变化与这些冲突形式相联系。

气候变化和暴力冲突的关系是一把双刃剑:"暴力冲突可能会降低人类对气候变化的承受能力。大规模暴力冲突对那些能够提高适应能力的资源造成损害,这些资源包括基础设施、各种机构、自然资源、社会财富和谋生机会。"气候变化增加了暴力冲突的可能性,而暴力冲突会降低一个国家对气候变化的承受能力。这一恶性循环严重威胁到了国家安全。从这一角度来说,气候变化正在制造地球上最危险的地区:管制失效的国家。

实际上,气候变化已经开始与暴力冲突相互作用。2015年的一份研究报告称,人类活动导致的气候变化是叙利亚内战的主要诱因之一。该报告表明,2006年至2010年,"新月沃土(Fertile Crescent,中东两河流域及附近一片肥沃的土地)经历了农业文明以来持续时间最长、后果最严重的干旱,导致大量农作物颗粒无收"。这场干旱加剧了冲突局势升级,而极端组织伊拉克和大叙利亚伊斯兰国(Islamic State of Iraq and Syria,ISIS)也在混战中发展壮大。据联合国统计,这场干旱导致80万人流离失所,而且持续的冲突使更多民众陷入贫困之中。贫困和无家可归的难民涌入城市,"激增的人口、政府渎职,以及一些其他因素,最终共同导致了2011年春季叙利亚内战爆发",该研究报告这样解释。

这篇发表于《美国国家科学院院刊》的名为《新月沃土的气候变化与叙利亚近期干旱的启示》的研究文章显示,全球变暖导致叙利亚地区 2006 年至 2010 年干旱的可能性增加了 2～3 倍。"我们并没有说气候变化直接导致了叙利亚的内战,"文章第一作者科林·凯利(Colin Kelley)博士说道,"但我们认为极端干旱导致了农业崩溃和人口迁移,并加大了内战爆发的概率。"

"这是一个有说服力的气候指纹,"退役海军少将、气象学家戴维·蒂特利(David Titley)说道,"我们可以将气候变化和 ISIS 带来的灾难合理联系起来。"研究还特别表明,气候变化已经开始从以下两个方面导致干旱:"第一,风型减弱导致从地中海吹来的湿润空气减少,因而往年 11 月至 4 月的雨季中的降水量也随之减少。第二,在炎热的夏季,高温天气导致土壤水分蒸发。"

不仅如此,该研究还清晰表明,在接下来的几十年间,如果我们不尽快扭转碳污染趋势,那么持续多年的残酷旱灾将在叙利亚周边大部分不稳定地区变得十分常见,包括黎巴嫩、以色列、约旦，以及伊拉克和土耳其部分地区。

气候模型早已预测，地中海周边国家的干旱局面将逐渐恶化。气候学家也总说，多雨地区将变得更加潮湿，干旱地区则更加干旱。2011 年，美国国家海洋大气局的一项研究总结："人类活动导致的气候变暖是造成地中海地区频繁干旱的主要原因。"

"干旱的强度和频率过高，只凭自然变率是无法解释其成因的"，文章第一作者、美国国家海洋大气局地球系统研究实验室（Earth System Research Laboratory）的马丁·赫尔林（Martin Hoerling）博士在其 2011 年的研究中做了解释（见图 3.5）。

正如之前讨论过的，地球上大多数居住地和耕地——美国西南部、中部大平原，亚马孙地区，欧洲南部，非洲大部分地区和中国东南部，都将面临比当前地中海地区更严峻的高温与干燥气候。

气候变暖在什么时候会导致更大规模的冲突呢？由于冲突的原因众多，并且通常需要一些政治诱因，所以我们很难预测具体何时气候变化会导致更多的冲突现象。2008 年，美国情报体系首席分析员——托马斯·芬加（Thomas Fingar）预

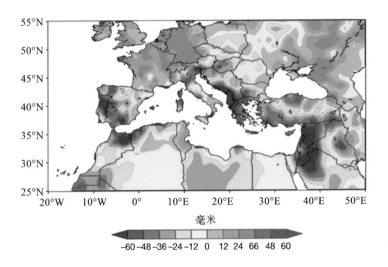

毫米

-60 -48 -36 -24 -12 0 12 24 66 48 60

图 3.5　相较于 1902—2010 年，1971—2010 年地中海沿岸的冬季显著干旱的地区（见图中颜色较深区域）

数据来源：美国国家海洋大气局。

测，"由于从中国北部到非洲之角在内的许多地区都将饱受干旱、粮食短缺和淡水资源匮乏的折磨"，21 世纪 20 年代中期，冲突现象将大量出现。"这将导致许多发展中国家出现大规模的移民潮，并引发政局动荡。"2009 年，英国政府首席科学顾问约翰·贝丁顿（John Beddington）在演讲中描述了类似的情景。他在英国《卫报》发表文章警告称，至 2030 年，"由于粮食、水和能源短缺，世界将面临'完美风暴'，进而引发公共骚乱、国际冲突和受影响最严重地区的大规模移民"。

21 世纪中，气候变化可能出现的最乐观情景是什么？

21 世纪中，气候变化可能出现的最乐观情景便是全球变暖控制在 2 ℃以内。这要求大气中二氧化碳体积分数低于 $450×10^{-6}$。但是当前大气中的二氧化碳体积分数已经达到了 $400×10^{-6}$，并且还在以每年 $2×10^{-6}$ 的速度增长。此外，除非我们有雄心并通力合作，将全球二氧化碳排放总量在当前基础上减少 80%以上，否则大气中二氧化碳的体积分数不会停止增长。

政府间气候变化专门委员会在第五次评估报告中，基于人类控制温室气体排放量和二氧化碳浓度的方式，采用"典型浓度路径"预估未来的气候变化。典型浓度路径 2.6 为最乐观情景，即人类很有可能将温度升高控制在 2 ℃以内。在此情景下，二氧化碳体积分数将在 21 世纪中期达到顶峰，并到 21 世纪末降至 $400×10^{-6}$ 左右。如果想降低大气中的二氧化碳浓度，则需要实现人为二氧化碳零排放或负排放，即我们需要使大气中消除的二氧化碳数量高于排放量。当前，大规模地实施大气中二氧化碳的捕集和封存还不具备可行性(见第 6 章)，所以实现低排放情景的可能性仍有待商榷。然而,据我们现有的知识,原则上讲,未来几十年间没有什么是不可能的,所以,虽说实现将升温控制在 1.6 ℃ 之内困难重重且成本高昂,但这仍然是有可能出现的最乐观情景。

与其相反,典型浓度路径 8.5 接近于照常排放的路径,即人类不会采取显著措施阻止全球碳排放。此情景下,二氧化碳体积分数将在 21 世纪末达到 900×10^{-6},全球平均温度将比工业化前升高 4.2 ℃。因为二氧化碳浓度没有达到稳定状态,所以温度还会持续上升。一方面,中国、美国、欧盟,以及其他国家和地区已经于 2015 年做出了减排承诺,这意味着我们有可能很快偏离照常排放情景,但还有待观察。另一方面,政府间气候变化专门委员会并未将关键的碳循环反馈机制考虑在内,例如永久冻土的融化等。所以,如果主要排放者不做出进一步承诺,那么我们仍需要面对近似典型浓度路径 8.5 情景的风险。

图 3.6 所示的是政府间气候变化专门委员会在其第五次评估报告中对于未来变暖预估的两种情景的比较。

在政府间气候变化专门委员会预估的最乐观情景下,全球

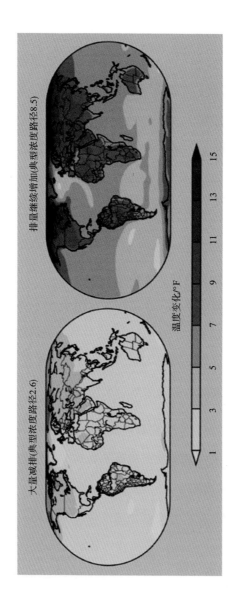

图 3.6 相较于 1970—1999 年，未来 2071—2099 年，典型浓度路径 2.6 情景下，快速减排即迅速最小化全球变暖情况及其影响；典型浓度路径 8.5 情景下，照常排放导致使世界上人口较多国家温度急剧升高

大多数人口密集地区的升温幅度保持在不超过工业化前2℃的水平。也就是说,相比当前的温度,未来升温幅度仍会达到1℃左右。没错,我们还会观测到更多包括热浪、洪水、干旱、超级风暴在内的极端天气事件,但使地球1/3的土地几乎永久"黑色风暴化"的极端天气事件的出现概率会大大下降。气候变化对海洋酸化、物种流失和人类健康的影响也会显著降低。

这一路径可以限制最糟糕的经济影响。正如之前提到的,2013年,美国国家海洋大气局研究预测,如果我们保持在典型浓度路径8.5的温室气体排放水平,那么至21世纪末,人类的劳动生产力在高峰月份或会降低50%。该研究报告指出,"只有将全球变暖限制在3℃以内,我们才有可能在最热的月份中维持世界各地的劳动生产力不变。"这一点十分重要,因为生产力的损失可能会超过所有其他经济损失的总和。

另外,我们不知道全球变暖究竟会达到何种水平,如永久冻土融化等主要的碳循环反馈机制将如何使稳定全球温度和气候的工作变得更复杂。但是我们知道,当全球温度上升2℃,甚至3℃,永久冻土的融化速度会越来越快。这反过来又要求减少碳污染的速度越来越快。我们还知道,大气中二氧化碳的浓度越高,海洋和土壤等主要碳汇吸收二氧化碳的效率就会越低。这也是世界上主要国家的政府和绝大多数气象学家与科学院会设立全球变暖不超过 2 ℃的目标的原因。

　　或许这一路径中最大的不确定性便是西南极冰盖的主体是否会停止崩塌。最新观测结果和研究分析表明,西南极冰盖已经十分接近崩塌的临界点。然而,冰川学家和海平面上升专家相信,如果我们能将升温控制在最低水平,那么海平面上升的速率就会下降,包括格陵兰冰盖和东南极冰盖在内的大部分地区不超过临界点的概率也就随之上升。如果至 2100 年,海平面上升 2 英尺至 3 英尺,此后每 10 年上升几英寸,这带来的气候影响将会非常危险。当然,这仍然比 2100 年海平面上升 4 英尺至 6 英尺,此后每 10 年上升 1 英尺所带来的影响要小得多。

21 世纪气候变化可能出现的最糟情景是什么?

　　绝大多数关于气候变化的科学研究都不是基于最糟情景的。政府间气候变化专门委员会已经成立了超过 25 年,但其从未坦率地表明什么是最糟情景,以及这种情景会对人类社会造成什么影响。然而,他们在第五次评估报告中,确定了照常排放情景的升温上限,即至 2100 年,全球平均温度会灾难性地上升 7.8 ℃——如果气候响应位于预测的最高端,这一情景出现的可能性要高于预测的最低端。此外,除英国皇家学会的研究最接近外,全球各大科研机构都不曾定义最糟情景。

然而,不论是个体还是社会层面,人类的本能便是趋利避害。当涉及危及生命、重大疾病和不可逆转的风险时,这一点尤为明显。这就是为什么虽然火灾将整栋房子烧毁的概率微乎其微(除非你住在致命火险区),但我们仍然会购买火灾保险。这也是为什么我们会购买重大疾病保险——不仅仅是因为我们有可能会得癌症,也是因为我们清楚,如果没有保险,一旦得病,除了面临病症以外,我们还将面临破产的风险。规划最糟情景驱使政府大幅增加在军事和传染病预防上的预算。本领域仅有的一些经济分析表明,气候变化最糟情景出现的可能性相对较低,但会造成极高的损失。这一情景可能会主导如"碳社会成本"或人类对于气候变化不作为的成本等的计算。

可能在大多数人看来,本章描述的情景是"最惨重的损失",但这也不过是根据近期观测结果和科学分析得出的照常排放情景下的影响。这些影响包括,全球温度上升 4 ℃,干旱和"黑色风暴化"地区分布范围越发广泛,海陆物种大规模流失,全球最极端的天气事件(包括热浪和超级风暴)的种类增多,海平面到 21 世纪末上升的高度将远大于 6 英尺,并在此后每 10 年上升 1 英尺,因而全球海水入侵现象加剧,风暴潮随之增多。这些影响相互作用,共同威胁着人类健康、国家安全和地球养活 100 亿人口的能力。政府间气候变化专门委员会谨慎且保守估计,这些影响会导致"粮食系统崩溃",暴力冲突加剧,最终会使我们当前的一些居住地和耕地在一年的某些时段内几乎无法居住和耕作。

此外,我们还将面临:①永久冻土和亚马孙碳汇的消亡;②海洋和土壤等关键碳汇的阻塞和弱化;③永久冻土和海洋下甲烷晶体,即甲烷水合物的长期消融。然而,即使我们知道风险的存在,但最为广泛使用的气候模型中仍未考虑那些关键的碳循环反馈(如永久冻土释放出大量的碳)的影响。

如果将未建模碳循环反馈机制加入预估模型中,那么原来预测将在 2100 年发生的情景就会提前几十年发生,这也是考察最糟情景的一种方式。2010 年,英国皇家学会杂志《哲学学报 A》推出以"4 ℃及以上:地球升温 4 ℃的可能性及启示"为主题的特刊。研究表明,"如果全球气温上升 4 ℃,那么气候的变化将超出全球大部分地区人类和几乎全部自然系统的适应极限"。自然系统的退化将会使人类的生活远比气候模型中预测的更为艰难。英国《卫报》将升温 4 ℃的地球描绘为"地狱般的情景",并称"地球温度上升 4 ℃将造成旱灾肆虐,粮食供给不足,导致上百万移民四处寻求安身之所"。

2014 年政府间气候变化专门委员会在《综合报告》中表示:

> 在大多数没有更多减缓政策的情景下……到2100 年,升温多半不可能超过工业化前水平 4 ℃。升温超过工业化前水平 4 ℃或更高的相关风险,包括大量物种灭绝、全球和区域粮食不安全、人类日常活动,以及在某些情况下的适应能力受限(高可信度)。

重申一下,全球变暖 4 ℃并不是最糟情景,而是我们根据当前排放路径预测的结果。最糟的情景是全球将会提前升温4 ℃,比预期的快得多。英国气象局哈德利中心气候研究部门负责人、英国皇家学会文章《全球增温何时达到 4 ℃》的第一作者理查德·贝茨博士列举了"可能出现的最糟情景",其中包括了这一重要发现:如果我们仍保持高排放路径,且"如果碳循环反馈机制比当前预测的更强,那么 21 世纪 60 年代初期,全球增温就会达到 4 ℃,与政府间气候变化专门委员会给出的'可能范围'是一致的。虽然情况发生的概率很小,但仍有可能发生"。

照常排放情景会导致地球温度升高 4 ℃~5 ℃,但政府间气候变化专门委员会针对这一情景对粮食系统灾难性的打击言之甚少,也不曾提及增温幅度更大的情景。报告中表示,"很少有研究考虑到全球平均温度上升达 4 ℃或更高时,其对于农作物系统的影响。"然而,如果我们仍保持高排放路径,且碳循环反馈机制比当前预测的更强,那么地球的增温幅度便会超过 4 ℃,达到 6 ℃或者更高。

当前,很少有模型预测何种高温将对人类产生什么样的影响。2013 年,美国国家海洋大气局探究了热应激反应对生产的影响,并发表研究结果:

> 当全球变暖超过 6 ℃,密西西比河河谷下游地区等地的人类的劳动能力在热高峰月份都有所降低。如果暴露于美国落基山脉以西大部分地区,人类的热应激反应将会难以想象。在此情景下,纽约市的热应

激反应将超过当前巴林岛的水平,而巴林岛的热应激

反应将导致人类体温过高,即使在睡眠中也不例外。

21世纪末,典型浓度路径8.5情景很可能意味着全球平
均增温超过4℃。政府间气候变化专门委员会警告其为"人类
正常活动的重要限制因素",因为"在高排放情景典型浓度路径
8.5下,到2100年,估计某些地区某些季节的高温高湿气候会
影响到人们的正常活动,包括粮食种植和户外工作"。一旦增

密西西比河
Photo on VisualHunt

温超过 4 ℃,当前地球上耕地的种植和人口密集地区的居住风险将会不断增大:①一年中的大部分时间几乎不可居住;②在几百年之内不可逆转。

在快速变暖的情景下,大多数物种是否能存活下来还是个问题。2015 年 4 月,马修·克拉克森(Matthew Clarkson)等人发表名为《海洋酸化和二叠纪-三叠纪集群灭绝事件》的研究报告。《自然》杂志报道:"克拉克森表示,如果二氧化碳排放量持续升高,那么集群灭绝可能就是未来的最糟情景。"那次集群灭绝事件将不仅导致 90% 的海洋生物灭绝,还造成 70% 的陆地动植物灭绝。

2015 年 8 月,《自然·气候变化》刊载了一篇名为《海洋吸收大气中二氧化碳的长期效应》的文章,该文章研究了在保持现有二氧化碳排放量不变的情况下,2050 年可能会出现的状况,并试图用一些技术手段清除大气中大量的二氧化碳。正如波茨坦气候变化研究所所长约翰·舍恩胡贝尔(John Schellnhuber)所提到的:"这样做的结果就是,以现有能力,我们将无法保护海洋生物。"

这一小节主要关注 21 世纪内的增温情况,但我们实际面

临的最高增温水平的风险要高得多。2011 年,美国国家大气
研究中心的科学家杰弗里·基尔(Jeffrey Kiehl)在《科学》杂志
发表了一篇名为《地球过去带来的教训》的研究报告,审阅并分
析了古气候数据。该报告指出,"如果我们继续走当前的以化
石燃料为基础的能源利用排放路径,至 21 世纪末,大气中二氧
化碳的体积分数将达到 $900 \times 10^{-6} \sim 1100 \times 10^{-6}$"。研究重建
了大约 3500 万年前,大气中二氧化碳体积分数上一次达到
1000×10^{-6} 时的地球温度。文章总结:"当二氧化碳体积分数
从 300×10^{-6} 增至 1000×10^{-6} 时,赤道地区温度将升高 $5 \sim$
$10\ ℃$,且极地地区升温更高,或达到 $15 \sim 20\ ℃$。"平均而言,二
氧化碳的体积分数可以达到过去地球温度比现在高 $16\ ℃$ 时的
水平。基尔总结如下:

> 地球二氧化碳浓度升高速度比过去 3000 万年至
> 1 亿年间都要快,并且地球将变得非常炎热。如果地
> 球二氧化碳浓度可以达到这样的水平,那么正反馈机
> 制将以超出当前模型预测的水平放大全球变暖。人
> 类和生态系统将会以史无前例的速度,面临其进化过
> 程中从未出现的气候状态。注意,这些结论是基于地
> 球过去的观测结果,而并非气候模型计算得出的。那

么人类是否要以地球的过去为鉴,以免重蹈覆辙呢?

我们难以想象,如此程度的增温会带来什么影响。如果在 2100 年以后,地球温度接近基尔研究中古气候数据所得出的结果,那么地球上大部分土地在一年中的大多数时间内都将变得不适宜居住。这也是美国普渡大学教授、地球和大气科学家马修·休伯(Matthew Huber)在一篇发表于 2010 年的研究报告中的总结。休伯在研究最糟情景的底线的部分中解释:"如果全球增温达到 11.76 ℃,那么地球上超过半数的人口将位于不适于居住的地区。"他总结如下:

当评估碳排放的风险时,我们应当将最糟情景考虑在内。这好比是普通轮盘赌和带手枪的俄罗斯轮盘赌的区别。虽然输掉的概率很小,但付出的代价却过于高昂。

气候学家所说的"不可逆转的影响"是什么？ 他们为什么对气候变化如此担忧？

人民、社区和国家面临的大多数环境问题都是可以逆转的。如果湖泊与河流被污染了，在清洁治理后，人们还可以去游泳、钓鱼。如果城市空气被污染了，那么通过制定清洁空气标准，湛蓝的天空仍旧可以取代棕霾。

湛蓝的天空
Photo by Kumiko SHIMIZU on Unsplash

然而,气候变化与大多数环境问题不同。越来越多的科学文献明确表示,气候变化的重要影响在 100 年之内是不可以逆转的,有的甚至可能会达到 1000 年。这不仅意味着气候变化的风险和人类历史的发展不同步,也意味着如果我们继续使用传统的治理环境问题的方法,等到结果显而易见时才开始行动,那时再消除这些结果将"为时已晚"。人类面对气候变化时的不作为会引发固有的公平问题,因为受影响最严重的数十亿人对气候问题的产生并不需要承担什么责任。然而,这一问题在历史的长河中显得如此独特的原因是,无论任何时间尺度,气候变化带来的大规模的影响是不可挽回的(在第 4 章中,我们将会讨论如何使用低成本的方法避免这些最糟糕的、不可挽回的影响)。

因为气候变化的结果独特且不可逆转,所以世界顶尖气候学家和政府在联合国政府间气候变化专门委员会的气候评估报告中,特别强调了这一问题。2014 年 11 月,他们审阅了无数科学和经济文献,并公布了第五次评估报告《综合报告》。在 2007 年公布的第四次评估报告《综合报告》中,只两次提到"不可逆"这一词,且决策者摘要中也几乎不曾涉及。7 年后,第五次评估报告《综合报告》的决策者摘要 14 次提及"不可逆",并详细讨论了它的含义与影响。该报告正文中也对此进行了更深入、详细的讨论。

世界顶尖的科学家所说的"不可逆"究竟是什么意思呢？他们在报告中如此解释：

在除了典型浓度路径 2.6（排放大幅降低）情景之外的所有典型浓度路径情景下，变暖将持续到 2100 年之后。在人为二氧化碳净排放完全停止后，表面温度仍将在多个世纪中基本保持在较高的水平上。二氧化碳排放造成的人为气候变化，大部分在多个世纪到千年时间尺度上是不可逆的，除非在持续时期内大量净清除大气中的二氧化碳……

几乎可以确定的是，全球平均海平面到 2100 年后仍将持续上升许多世纪，上升幅度取决于未来的排放。

换言之，2100 年后，气候变化的影响要远比报告中所描述的更糟糕，除非我们现在就开始大量减少二氧化碳排放量，将其保持在增温 2 ℃ 的阈值内。此外，地球温度可以达到的最高水平取决于人类导致的增温。即使人为二氧化碳排放完全停止，地球高温仍会保持几百年。

"在持续时期内大量净清除大气中的二氧化碳"指人类几乎清除了所有人为产生的二氧化碳净排放量——包括破坏森林、燃烧化石燃料，以及永久冻土融化等碳循环反馈机制。根据美国国家科学院 2015 年的研究报告（详见第 6 章），若想开始扭转这些不可逆的趋势，我们不仅必须使二氧化碳净排放量归零，还要吸收大量扩散在空气中的二氧化碳，并将其永久地封存在某地，但我们现在还不知道如何大规模地利用这一技术。想象一下人为产生的二氧化碳净排放量可以远低于零的那一天——因为我们必须将升温控制在 2 ℃以内，至 2100 年，我们必须急剧减少二氧化碳排放量，实现零净排放。然而，如果我们将现在的排放水平持续到 2100 年，很难想象什么时候二氧化碳净排放会归零。而且，如果我们激发某一种或几种关键的碳循环反馈机制，那么实现零排放简直难上加难。

如果我们没有将增温控制在 2 ℃以内，那么最糟糕的全球变暖导致的气候变化将会持续 1000 年或以上。2014 年，政府间气候变化专门委员会表示，"全球平均表面温度保持稳定并不意味着气候系统各方面的稳定"。这也就是说，在增温 2 ℃

的情景下,从今往后几百年内,全球表面温度会开始逐渐降低,但一些气候因素仍然会持续变化,海平面上升就是典型例子。

政府间气候变化专门委员会的评估报告主要是审阅科学文献的形式,所以其新关注点是气候变化不可逆转的影响也不意外。2009 年,美国国家海洋大气局发表名为《二氧化碳排放导致不可逆转的气候变化》的研究报告,其中总结,"即使停止排放,二氧化碳浓度升高导致的气候变化基本上在 1000 年的时间尺度内仍是不可逆转的"。值得注意的是,这份研究报告警告称,不可逆转的影响不仅仅是海平面上升:

> 在提到的不可逆转的气候影响中,我们应当了解:如果 21 世纪大气中二氧化碳体积分数峰值从当前的 385×10^{-6} 达到 $450 \times 10^{-6} \sim 600 \times 10^{-6}$,那么一些地区的旱季降水预计将不可逆转地减少,达到"黑色风暴事件"时期的水平,并且海平面上升的势头将无法被遏制。

近期的研究强烈表明,世界上最富饶的农田将会受到海平面上升和"黑色风暴化"的影响,这正如我们所观察到的一样。

2014 年《综合报告》中,顶尖科学家和政府首次阐述了气候变化不可逆转的影响和人类不作为之间的关系。以下是重要研究结果(原文强调):

> 如果不做出比目前更大的减缓努力,即使有适应措施,到 21 世纪末,变暖仍将导致高风险至很高风险的严重、广泛和不可逆的全球影响(高可信度)。减缓包括某种程度的协同效益,以及不利副作用带来的风险,但这些风险不会带来与气候变化风险相同概率的严重、广泛和不可逆的影响,相反,会增加近期减缓努力带来的效益。

为什么这一结论如此重要呢? 政府间气候变化专门委员会意识到,温室气体的减缓努力不仅包括协同效益,也蕴含着一定风险,如报告全文中所说,"大规模部署低碳技术的方案和其经济成本可能产生负面影响"。然而,减缓过程中产生的风险与人类不作为导致的风险,不论是定量还是定性都不同,因为它们不太可能会带来任何"严重、广泛和不可逆"的风险。

2014 年《综合报告》就此展开论述,表明"气候变化的风险可能会延续几千年,如果适应能力有限,发生严重影响的风险会很高,甚至出现显著的不可逆性"。与之相反,"为了应对观测到的后果和代价,以及降低出现不可逆后果的风险,应更迅速地加大力量调整气候政策的松紧程度"。换言之,如果减排策略出现一些意料外的结果——严重的负面结果,人类可以迅速降低成本,规避风险。然而,不采取减缓措施等不作为行为,不仅仅将导致气候影响持续时间更长,且不可逆转,还会影响人类适应的潜力。例如,海平面上升的速度之快、程度之高,几乎无法停止。那时,人类就只能大规模地抛弃那些重要的沿海城市了。

沿海城市
Photo by Jordan Gellie on Unsplash

4 避免最坏的影响

这一章我们将会讨论增暖 2 ℃的目标。我将会解释为什么大部分国家的政府和科学协会都接受将 2 ℃作为尽量减小或是避免危险的气候变化的界限。我将从大局出发,讨论适应性和地球工程,告诉读者如何避免最坏的影响。

人类需要怎么做才能避免最坏的气候影响,以及我们最大的困惑是什么?

避免灾难性的增温需要稳定的到底是二氧化碳的浓度还是排放量,这或许是公众讨论气候变化时最大的困惑。有研究表明,许多人都对此感到困惑,包括一些见多识广的人。他们错误地认为假如人类停止增加二氧化碳的排放,全球变暖就会停止。事实上,要使全球变暖停止,就需要在温室气体的排放量上做出大幅度的削减。发表在《气候变化》杂志上的一篇由麻省理工学院所做的研究文章发现,"大部分人都认为就算排放进大气中的温室气体不断地超过排出的部分,温室气体浓度依然能保持稳定"。文章的作者——麻省理工学院斯隆管理学院的约翰·斯特曼博士指出,这些想法"都类似于认为往一个浴缸里注入水的速度超过它漏水的速度,它将永远不会溢出"。"这种支持观望政策的想法违背了质量守恒定律"。

让我来进一步阐述一下浴缸的比喻。大气中现存的二氧化碳的浓度可以被想象为浴缸中的水位,我们用从水龙头注入水的速率代表每年新增加的排放量。浴缸里也有一个排水口,这就好比海洋和土壤这样的碳汇。只要水龙头中注入的水比排出的水多,那么浴缸中的水位就永远不会下降。

同样地,直到人类造成的排放低于碳汇所能吸收的量时,二氧化碳的浓度才能够保持稳定。在许多模拟的情景下都需要削减超过 80％ 的碳排放才能使二氧化碳水平稳定。如果目标是将温度的增幅稳定在科学家和政府定义的影响气候变化的 2 ℃危险温度阈值附近或以下,那么到 2100 年,二氧化碳排放量需要接近于零。还有另外一个关键问题,就算大气中的二氧化碳水平稳定了,温度也不会停止上升。在特定的二氧化碳浓度下,地球气候系统需要一定的时间来达到它的平衡温度。即使二氧化碳浓度现在停止增长,尽管温度上升速度非常慢,但也会持续上升几十年。换一种说法,我们目前所面对的变暖应归咎于 20 世纪排放的二氧化碳。只要我们不断地往大气中排放二氧化碳,增加二氧化碳浓度,那么这种增温滞后效应就会持续,我们最终要面对的增温也会继续。除此之外,还有一些重要的影响。例如,大冰盖的瓦解几十年之内也不会停止。更重要的是,如果我们行动太迟缓,错过了临界点,就算温度不再上升,一旦冰盖崩塌,海平面仍会在几个世纪内持续上升。

麻省理工学院的研究文章《如何理解公众对于气候变化的误读:人们对气候变化原理的认识违反质量守恒定律》指出,"公众对于气候变化的态度"有明显的"自相矛盾之处":

> 有调查显示,大部分美国人都相信气候变化会构成严重的威胁,但又认为在有更确凿的证据证明气候变化是有害的之前,无须尽快减少二氧化碳排放以稳定大气中温室气体的浓度和净辐射强迫。美国的政策制定者们也认为,在采取减少排放的政策之前,应谨慎地等待和观望气候变化是否会造成重大的经济损失。这种观望政策的背后是政策制定者错误地认为气候变化可以被快速地逆转,没有意识到气候对于人为强迫响应的滞后性。

这种对气候动力学的错误理解,导致一部分人相信减少二氧化碳排放的行动并不迫切。

2015 年 12 月的《巴黎协定》是什么？ 它为什么如此重要？

2015 年 12 月通过的《巴黎协定》是世界上所有主要的发达国家和发展中国家第一次一致同意限制温室气体排放并将其排放量减少到一个数量级，以避免危险的气候影响的协定。该协定始于 1992 年 6 月的里约地球峰会，是随后长达 20 多年进程的最终结果。而在这次峰会上，世界主要国家同意了《联合国气候变化框架公约》(United Nations Framework Convention on Climate Change，UNFCCC 或简称《公约》)。

《联合国气候变化框架公约》是一项全球环境条约，截止到 2017 年，共有 197 个成员国或缔约方。该《公约》的目的是订立一个国际协议，"将大气中的温室气体浓度稳定在一定的水平，这样人类对气候系统的影响就不会达到危险的程度"。《公约》当时并没有定义"一定水平"是多高。2009 年，缔约方会议在丹麦哥本哈根举行，缔约方一致同意 2℃是危险干扰开始的阈值。一开始，会议没有确定对温室气体有约束力的目标，也

没有制定实施机制,只是设立了一个具有法律效力的非约束性
目标:让发达国家温室气体的排放回到 1990 年的水平。《公
约》是一个各缔约方可以协商的、有约束力条约的框架,从
1995 年开始,每年都会举办一次缔约方会议。

会议的缔约方都承认"就历史和当前的全球温室气体排放
量来说,最大的部分来自发达国家;发展中国家的人均排放量
仍然相对较低,但发展中国家为了满足自己的经济社会发展需
求,排放量会继续增长"。会议承认了"所有国家具有共同但有
区别的责任",确定了"每个国家具体的责任",并且确立了一条
核心原则:"缔约方中的发达国家应该在对抗气候变化和相关
不利影响的战斗中起领导作用。"

在 1997 年的日本京都缔约方大会上,缔约方协商制定的
《京都议定书》只为几个发达国家的排放目标设定了日程。大
部分工业化国家,除了美国,都同意这份协定,协定要求在
2008 年至 2012 年期间,发达国家要在 1990 年的水平上至少
削减其主要温室气体总排放的 5%。协定让许多国家开始了
减少碳污染的行动,其中欧盟国家表现最为积极。然而,美国
的退出,加上 2000 年之后发展中国家快速增长的排放量,导致
全球的总排放量还是在持续增加。

2015 年 12 月在巴黎举行的《公约》缔约方会议上,当时的 195 个缔约方一致承诺,将不断致力于深度减排,以使全球平均气温升幅控制在"工业化前水平以上低于 2 ℃ 之内"。《巴黎协定》的全文甚至更为深入,即各缔约方同意"努力将气温升幅限制在工业化前水平以上 1.5 ℃ 之内",并认识到这将显著降低气候变化的风险和影响。

发展中国家的部分主要排放国,第一次同发达国家一道承诺限制和减少碳排放污染。但这些发展中国家的国家自主贡献(intended nationally determined contribution, INDC)计划仅仅持续到 2025 年或 2030 年。假如所有国家都只是实现了这个短期计划而不进一步深入,那么到 21 世纪末,总的气温升幅将在 3.5 ℃左右。因此,在 21 世纪余下的时间里,这些计划需要每 5 年进行一次审查和加强,以达到"远低于 2℃"的目标,并维持一个适宜居住的气候环境。这一审查是该约定的关键部分。

截止到 2016 年 9 月,全部 195 个缔约方已经签署了该协定。到 2016 年 11 月,在达到规定的要求后,即至少 55 个《公约》缔约方(其温室气体排放量至少占全球总排放量的 55％)批准了协定或者像美国一样正式同意加入后,该协定正式生效。那时候,共有 94 个缔约方,包括中国、印度和欧盟国家,已经批准了该协定,这些国家的排放量占全球总排放量的 66％。

然而,2017 年 6 月,美国总统唐纳德·特朗普宣布,美国将退出《巴黎协定》。但根据协议条款,美国的有效退出时间最早是 2020 年 11 月。截至 2017 年 11 月,《巴黎协定》已获 170 个缔约方批准签署。仅剩的 2 个还未批准签署该协定的主要排放国是美国和俄罗斯,这两个国家的温室气体排放量约占全球总量的 1／4。而俄罗斯方面表示,不会在 2019 年之前批准签署该协定。

为什么科学家和政府要将 2 ℃设为阈值,如超过这一阈值,气候变化真的会威胁到人类生存吗?

在 2009 年 12 月,许多主要国家都认识到"全球温度的增加应该低于 2 ℃"。在《哥本哈根协议》中,他们表示,"全球排放量的削减需要依靠科学。正如政府间气候变化专门委员会的第四次评估报告中说的,减少全球的排放量才能够使全球温度的增加低于 2 ℃。"在 2010 年 12 月的坎昆缔约方会议上,《联合国气候变化框架公约》正式接受了将全球平均增温控制在比工业革命前高 2 ℃之内的目标。

2 ℃阈值最初的想法要追溯到 40 年前。耶鲁大学经济学教授威廉·诺德豪斯(William Nordhaus)在 1997 年发表了一篇题为《经济增长与气候：二氧化碳问题》的研究报告。该研究报告认为"不受控制的二氧化碳照常排放会导致气温剧烈升高，并且超出过去 10 万年的温度范围"。该研究把 2 ℃作为过去经历的温度升高的最大估计值。该文章指出照常排放路径会导致气温在 2100 年上升超过 4 ℃。近年来不断增加的科学研究也支持上述结论。

一个非营利的气候科学与政策组织的气候分析领域的科学家在 2014 年撰写的关于 2 ℃阈值目标的文章中解释道，2 ℃阈值"在被 2009 年的哥本哈根会议采用之前，在外交上被争论了超过 13 年，受到科学界与政治界的种种批判"。它是有科学依据的，政府间气候变化专门委员会的几次报告中都提到了这一点，特别是赢得了诺贝尔和平奖，并最终促成了行动上达成政治共识的 2007 年的第四次评估报告。波茨坦气候影响研究所地球系统分析的联合主席、海平面上升专家斯特凡·拉姆斯托夫在 2014 年讲道：

将 2 ℃设为阈值,背后的理由之一是在第四次评估报告中,若是全球变暖超过 1.9 ℃,将出现触发格陵兰冰盖不可逆地减少的风险,最终将会导致全球海平面上升 7 米。在第五次评估报告中,该风险被重新评估,新的评估结果显示在全球变暖 1 ℃后,上述情况就已经开始。而且,在第五次评估报告的预估中,海平面比第四次评估报告中要高许多。

另外,从第五次评估报告起,人们对于冰盖的关注度就持续增长,因为我们的气温上升已经接近或正处于大冰盖融化的临界点,这一点我们在第 3 章已经讨论过。在 2014 年 5 月,我们得知西南极冰盖正接近不可逆转的崩塌点,同时我们也得知,"由于气候变化,格陵兰的冰更加不能经受温暖海水的冲击"。2014 年底,观测证明格陵兰冰盖和西南极冰盖的冰损失速率在前 5 年的 2 倍以上。到了 2015 年,有研究报告称在东南极冰盖有一块大冰川正在变得和西南极冰盖一样不稳定且脆弱,它正在从底部开始融化。

拉姆斯托夫在 2014 年 10 月对临界点的分析工作中提到:"现在我们有充分证据证明 2 ℃的阈值应该被下调。这种下调的可能性实际上在《坎昆协议》中就能被预见到,因为小的岛国和最不发达国家有充分的理由将该阈值降低至 1.5 ℃。"在 2010 年的坎昆,世界上的主要国家同意它们将会"考虑……在现有科学知识的基础上收紧长期的全球目标,包括考虑将全球平均气温上升的阈值定在 1.5 ℃"。许多的研究也已经得出了与拉姆斯托夫相似的结论。比如,2010 年英国皇家学会在关于 4 ℃增温的研究中提到,"和 2 ℃增温相联系的影响已经经过修正,修正结果显示这个影响可能比之前估计的更为严重,所以现在 2 ℃更加适用于代表危险和极度危险的气候变化之间的阈值。"

从 2013 年至 2015 年,《联合国气候变化框架公约》的缔约方建立了一个"专家对话组织"来研究 2 ℃这一目标是否合适。在 2015 年 5 月,70 位参与该对话的世界级气候专家给出了报告。他们表示:"协议的缔约方赞成全球变暖的 2 ℃阈值,并且为此提供了大量科学证据。"他们直率地表示:"将全球变暖限制在 2 ℃以下需要根本的转变(从现在开始深度脱碳并且一直进行下去),而不仅仅是调整目前的趋势。"回顾政府间气候变化专门委员会第五次评估报告和许多气候变化对区域气候和农业影响的报告,他们指出:"显著的气候影响已经发生在当前全球变暖的情况下,进一步增暖只会增加更加严重、覆盖面更广和不可逆转的影响。"因此,他们警告道,"护栏"这一概念,已经行不通了。"护栏"是指一个增暖界限,在这个界限下我们能全方位保证气候系统不至于因受到人为因素干涉而变得危险。以下是他们的主要结论:

> 我们认为,缔约方应该将长期的全球目标看成"防线"或"缓冲带",而不是保证所有人都安全的"护栏"。这一新的理解,更有可能让缔约方支持一种将增温范围限制在 2 ℃ 以内的排放路径。这种理解同样可以让缔约方更容易接受 1.5 ℃ 阈值,避免认为将阈值定义为 2 ℃ 以下是没必要的。

在 2015 年 12 月签署的《巴黎协定》中,世界各国一致同意继续减少碳污染,使全球升温幅度"大大低于 2 ℃"。

为了保证升温幅度远低于 2 ℃,需要什么类型的温室气体减排措施?

全球变暖的峰值主要是由累积排放的温室气体总量所决

定的。全世界推迟减排行动的时间越长,就越需要更多国家承担更多和更快的排放削减任务。为了能有大于50％的机会来保持总升温低于2 ℃,到21世纪中叶,我们需要减少50％以上的二氧化碳和其他主要温室气体排放,这就意味着全球温室气体排放必须在10年左右达到顶峰,然后开始迅速地减少。到2100年,世界总净温室气体排放量需要接近于零,低于零就更好,尤其在我们延迟采取削减行动后。我们的目标是把大气中的二氧化碳的体积分数控制在低于$450×10^{-6}$的水平。

要通过上述方式实现将增温控制在2 ℃以内的目标,还需要气候对于二氧化碳的敏感性在几十年的时间里不会变得很高。如果被大多数气候模型所忽略的碳循环反馈放大效应开始逐渐显现,那么在接下来的几十年里,我们将需要比前面说的更大强度地削减温室气体排放。

除此之外,原本的《联合国气候变化框架公约》和后续的协议,以及在其主导之下的谈判协议都承认,从公平上来讲,有一些国家需要比别的国家更快地削减排放。特别是那些已经完成了工业化的,通过燃烧化石燃料而变得富足了的发达国家。追溯起来,他们是最大的温室气体累积排放者,拥有最高的人均排放量。公平地说,由于累积排放量高而富足的国家总是会被期望比仍在发展中的较贫穷国家更快地削减温室气体排放。因此,大多数发达国家到 21 世纪中叶,需要实现 80% 至 90% 的温室气体排放削减,这样才能使升温幅度稳定在 2 ℃以下。

为 2015 年《巴黎协定》而做出的国家减排承诺确实让世界接近了所谓的 2℃路径,但正如前文所述,这只会持续到 2025 年或 2030 年。到 21 世纪末,这些承诺必须每 5 年加强一次,以使升温幅度在 2 ℃ 以内成为可能。

将升温幅度控制在 2 ℃以内的经济成本是多少?

所有针对强有力的气候行动的独立经济分析都表明它的成本相当低。2014 年 5 月,国际能源署(International Energy Agency, IEA)发布了关于实现 2 ℃目标的成本报告《2014 能源技术展望》。国际能源署表示,为了使升温低于 2 ℃阈值而系统性使用可再生能源,提高能源使用效率,改进能源储存技术,需要每年在清洁能源上投资约 1% 的全球生产总值。这是非常划算的:

到 2050 年,需要追加 44 万亿美元的投资用来对

能源系统脱碳以实现升温幅度在 2 ℃内的目标,这被
燃料节省下来的 115 万亿美元所抵消,结果是净节约
了 71 万亿美元。

重要的是,投资和净经济成本是不一样的,许多投资减少
了能源消费,因此产生了节约。另外,新技术的投资一般是和
高生产力与经济增长相联系的。

在 2014 年 4 月,世界上顶尖的科学家和经济学家都有了
类似的发现。那就是政府间气候变化专门委员会发布了第五
次评估报告,总结了关于缓解增暖问题的科学和经济文献,他
们将缓解定义为"减少温室气体的来源或有助于其沉淀的人为
干涉行为"。这份评估报告也关注实现 2 ℃目标的成本,2100
年的总温室气体水平折算成二氧化碳体积分数为 450×10^{-6}。
政府间气候变化专门委员会认为,要达到这样的目标,只需在
21 世纪内把消费年增长率放缓的中位值减小0.06％。换句话
说,为避免危险的人为增暖而降低的年增长率只有0.06％,而
且这些数字是"与 1.6％至 3％的基准年消费增长率相关的"。

总之,要避免最坏的气候影响意味着全球经济增长率是
2.24％而不是 2.30％。世界主要国家的政府都签署了报告上

的所有内容。这个结论没有什么可争论的(见表 4.1)。

表 4.1 将增温稳定在一个"可能"保持低于 2 ℃水平的全球减排成本,表中展示的对成本的估计没有考虑减缓气候变化后带来的收益和减排带来的附带收益,中间三列分别展示了到 2030 年、2050 年和 2100 年不实施任何气候政策的消费减少情况,最后一列展示了 21 世纪的年消费增长率减少了0.06%

成本效应的消费损失实施方案			
相对于基线的消费减少的百分比			年消费增长率减少百分比
2100 年	2030 年	2050 年	2100 年	2010—2100 年
二氧化碳体积分数/(×10⁻⁶)				
450(430~480)	1.7(1.0~3.7) [N:14]	3.4 (2.1~6.2)	4.8 (2.9~11.4)	0.06 (0.04~0.14)

注意,这个对成本的估计并没有把因为避免了最危险的气候影响而获得的经济利益计算进去。几年前,科学家计算得出该利益净现值为 830 万亿美元。这些计算没有考虑那些使用较为清洁的能源取代污染较重的化石燃料以及使用更高效的

技术所带来的附加收益。这些附加收益包括空气污染的减少，公众健康水平的提高和用新技术取代了旧技术而获得的先进生产力。一份 2014 年 10 月的国际能源署报告得出结论："用于提升能源使用效率的投资有可能在 2035 年之前增加 18 万亿美元的累积经济产出。"这说明能源使用效率提升所带来的附加收益这一项就与节能的收益持平，甚至更高。

　　避免危险的增暖只需要很低的净成本这一结论并不是什么新发现。在之前的 2007 年政府间气候变化专门委员会第四次评估报告中，他们发现，将二氧化碳的体积分数稳定在 445×10⁻⁶ 的平衡态的成本等同于"使全球生产总值年均增长速度减缓0.12％"。虽然现在距报告发布又过去了十几年，但这些结论依然适用，因为它们是基于文献研究之上的。所有重要的独立研究都发现气候行动需要很低的净成本和很高的延迟成本。

　　举个例子，在私营企业中，麦肯锡全球研究所（McKinsey Global Institute）已经做了一些最全面的和详细的成本分析，分析怎样将高能源利用率、可再生和其他低碳技术运用到削减温室气体的排放中。一份 2008 年麦肯锡全球研究所写的题为《碳生产力的挑战：限制气候变化与维持经济增长》的报告得出了如下结论：

碳改革的宏观经济成本是可控的，大约是 2030 年全球生产总值的 $0.6\%\sim1.4\%$。为了正确地理解这一数字，可以将其看作抵御气候变化潜在灾害的保险花费，而将其与相当于 2005 年国内生产总值的 3.3% 的全球保险花费相比较也是有意义的。借贷可以给许多潜在花费提供资金，因此有效地减小了近期国内生产总值增长的影响。事实上，向低碳经济的转变对许多国家而言，也有可能增加这些国家的国内生产总值年增长率，是否如此取决于低碳基础建设的资金来自哪里。

至于延迟行动的成本，2009 年国际能源署警告道，"全世界每延迟一年开展应对全球变暖的行动，就要额外花费 5000 亿美元用来削减碳排放"。国际能源署在其发布的《世界能源展望 2011》一文中警告道："延迟行动在经济学上是一个错误：2020 年之前，在电力部门，清洁技术投资每减少 1 美元，在 2020 年之后都需要额外增加 4.3 美元来弥补此前增加的排放造成的损失。"德国经济学家、政府间气候变化专门委员会联合主席奥特马尔·埃登霍费尔（Ottmar Edenhofer）在 2014 年的减排报告中这样说道："我们无法承受错过又一个 10 年的后果。如果我们又错过一个 10 年,那么要达到气候稳定的成本将会变得极度高昂。"

如果升温幅度超过 2 ℃的阈值,将会发生什么?

2 ℃阈值不是一个垂直的悬崖,它更像一个陡峭的雪坡,我们正在雪坡上推着一个越滚越大的雪球。达到某一个程度时,雪球将会加速并增大,直到它变成一场致命的雪崩。政府间气候变化专门委员会认为,当增暖超过 2 ℃时,危险会增加得非常迅速。在 2014 年 5 月,我们认识到,我们已经不得不面对0.85 ℃的增温,也就是说,我们已经接近于或是到达大部分西南极冰盖的崩塌临界点。研究海平面上升的专家斯特凡·拉姆斯托夫指出:"还有很多的临界点在未来等着我们。我认为我们应该尽力避开它们。"

有一些临界点会加速雪崩的发生,这些就是和碳循环反馈相关的临界点。冻土的解冻是这些反馈中最重要的,它被认为将会从 21 世纪 20 年代开始向大气中释放碳,这暗示了:我们最终还是要比我们现在所期望的更大力度地削减温室气体的排放。类似地,海洋和陆地上的碳汇(土壤和植被)随着时间的推移变得效率低下,这意味着自然提供给我们的从大气中去除碳的帮助将越来越少。人们普遍认为,碳汇能力的减弱与全球温度的上升有直接关系。在某种意义上,我们正在进行一场比赛,看我们是否能够在碳循环反馈使工作变得更艰难之前更快地削减温室气体的排放。

到 2017 年末,总的升温幅度也已接近 1 ℃。

我们能够适应人类导致的气候变化吗?

适应就是指我们如何应对无法避免的气候变化。以海平面上升为例,可以把房子架高,加固堤岸、海堤,使用抽水系统和其他工程办法把上升的水挡在外面。另外,适应也可以是简单地抛弃——离开被淹没了的区域。一般来讲,富人会尝试寻找工程适应方案使自己可以继续住在原来的地方,但穷人就只能离开气候不再适合居住和生活的区域。

由于没有大力减少温室气体排放,气候变化越严重,想要简单地应付过去就会变得越难。约翰·霍尔德伦(John Holdren)博士在 2007 年接受《纽约时报》采访时说:"我们基本上就只有 3 个选择:缓解、适应和受难。"霍尔德伦博士是美国科学

促进会的前任主席,2009 年美国时任总统奥巴马指定的国家
科学顾问。他说:"我们在各个方面都应该有所行动。问题是
应该如何兼顾这三者。我们实施的缓解措施越多,就意味着我
们需要适应和受的难就越少。"全球变暖与气候变化的程度越
大,我们能适应的选项就会越少。如果说,海平面在 2100 年上
升 2 英尺,并且每 10 年上升几英寸,那么你可以想象,许多沿
海的国家是可以适应的,虽然代价很大。然而最近的科学发现
表明,在 2100 年海平面更有可能上升 6 英尺,在其后每 10 年

被架高的房子
Photo by Poh Wei Chuen on Unsplash

上升 1 英尺。想要适应这种情况是非常困难的事情,代价也很大。《纽约时报》以故事的形式讲述了 2014 年关于西南极冰盖不稳定的研究,指出了继续我们当前的温室气体排放路径将会导致的危险,让我们知道:"温室气体会破坏南极冰盖和格陵兰冰盖的稳定,导致海平面上升,使世界上许多沿海城市最终必须被抛弃。"

有一个对未来影响尽可能真实的评估,这对于做计划和准备是非常重要的。一般来讲,低估未来影响造成的危险要比高

堤岸
Photo by Justin Wilkens on Unsplash

估他们大得多。正如英国皇家学会关于升温 4 ℃的特别研究
文章中的序言说到的，"世界对于温度上升 2 ℃所做的对策，也
许不适用于温度上升 4 ℃的世界；这是一个长期的抉择问题，
在还不能完全弄清未来会经历什么样的气候变化时就必须做
出决定"。作者们想象了一个社区，在这个社区里建造一个蓄
水池来减缓温度升高，但这个蓄水池在这片区域变热变干时也
可能干涸。也可以在海岸边建一座海水淡化厂给那些干涸的
或是没有冰川融雪河流的区域供水，但如果知道了快速的海平
面上升正在来临，你将不得不设计完全不同的可能更加昂贵的
设备来提供淡水。

　　预防的成本比治疗恢复的成本要低得多，同样地，通过减
少温室气体的排放来缓解其对未来的影响比适应高温和未来
快速的气候变化要划算得多。一份由国际环境与发展研究所
(International Institute for Environment and Development)于
2009 年发布的题为《适应气候变化的成本评估》的报告发现，
在当前排放路径下，平均"气候变化影响的净现值"在不采取适
应措施的情况下为 1240 万亿美元，采取适应措施的情况是
890 万亿美元。另一方面，作者们也说道，"在大力削减温室气
体排放"的情景(稳定二氧化碳体积分数为 450×10^{-6})下，平

均"气候变化影响的净现值"只有 410 万亿美元,或采取适应措施情况下的 275 万亿美元。将二氧化碳体积分数稳定在 450×10⁻⁶使气候变化影响的净现值减少了615 万亿～830 万亿美元。然而,减少排放成本的净现值只有 110 万亿美元。每花在削减排放上的 1 美元都可以至少节省 6 美元因气候变化而产生的开支。因此,尽管减少未来的影响的确需要采取适应措施,但减排(缓解)可以减少更多影响。

另外,有一些变化有可能超出了我们能应对的范围。2014年 11 月,政府间气候变化专门委员会的《综合报告》中说,我们有可能会面临"气候变化造成的严重的、无处不在的、不可逆转的对人类和生态系统的影响"。科学家和各国政府相信即便采取了适应措施,这些灾难性的影响也会发生。如果温度上升了 4 ℃或是更多,那么:

> 在大部分没有减排的情景之中……有可能在 2100 年相对于工业革命前增暖超过 4 ℃。大于或等于 4 ℃的增温带来的危险包括大量的物种灭绝、全球和区域性粮食危机,因而会限制一般人类活动,且在某些情景之下是难以适应的(高可信度)。

也许最让人难以适应的事情除了快速的海平面上升还有"黑色风暴化"。在 20 世纪 30 年代的美国"黑色风暴事件"中,有大约 350 万人离开了大平原区域。2011 年,我在《自然》杂志上发表的文章《下一次"黑色风暴事件"》中写道:"人类想要适应长期的、极度的干旱是很困难的"。这就是为什么"沙漠"一词来自拉丁语的"一个被遗弃的地方"。

不仅是干旱区扩大会使人类移居,高温高湿同样也会。政府间气候变化专门委员会警告,在照常排放情景之中,到 2100 年,"部分地区一年中某些时段的高温高湿的结合,将会影响一般的人类活动,包括粮食种植和户外工作(高可信度)"。对于人类,尤其对于那些贫穷国家的人来说,想要在一个一年中有一段时间不适宜居住的地方生活是很困难的。

这里还有最后一个关于"增温超过 4 ℃情景下撒哈拉以南非洲的农业和粮食系统"的例子,其来自 2010 年英国皇家学会的议题。他们总结道:"在增温超过 4 ℃的世界里,撒哈拉以南非洲地区农业和粮食安全的前景是黯淡的。"我们已经有接近 10 亿人还处在饥饿中。在增温 2 ℃的世界中,有人估计每年用来实现粮食供应保障的成本为 400 亿～600 亿美元。当增温超过 2 ℃时,我们所要面临的挑战就不仅是钱的问题了:

撒哈拉以南非洲的农民和家畜养殖者已经在过去的短期和长期的气候变化之中展现了他们高度的适应能力,但在增温 4 ℃的世界中,气候变化超过了以往的任何一次改变。有许多方法可以有效地帮助农民适应中等程度的增暖,例如给予大量的技术投资,建立制度和发展基础设施,但不难想象,数百万的撒哈拉以南非洲人民的适应能力和恢复能力会被一些事件所压垮。

有时候适应也叫作"恢复力",也就是回到原本状态的能力。在我们将总增温稳定在 2 ℃以下的这种最好的情况下,大部分的地区都具备这种恢复力。但当增暖还是如同常态,恢复力就会迅速地被其他形式取代,包括被抛弃所取代。

2015 年《自然·气候变化》杂志上的一篇由美国西北太平洋国家实验室所做的研究论文——《温度变化速率的短期加速》发现,直到 2020 年,人类所造成的增温会将地球气候系统带入"一个至少在过去 1000 年中没有出现过的持续几十年的变化模式之中"。2050 年之后的增暖速率会变得非常之快,这很有可能已经超过了大部分物种和世界上许多地方的人类的适应能力。增暖速率达到每 10 年 0.6 ℃——北极的增暖有可能达到至少每 10 年 1.1 ℃，并且这样的增温还要持续好几十年。此外，4 ℃ 并不是最坏的情况。如果我们让增温幅度超过了 4 ℃，我们将会到达一个和"适应"完全不同的、我们完全不认识的世界。

什么是地球工程？ 它能在减小气候变化的影响中起主要作用吗？

"地球工程"(geoengineering)不是一个定义明确的科学术语。它的广义理解为："大规模地控制地球及其生物圈来抵消人类导致的全球变暖所带来的效应。"这个术语是如此地不明确，并且有潜在的误导性，美国国家科学院决定拒绝使用"地球工程"这个术语，并且将其 2015 年的综合同行评审报告分为了两部分：一份 235 页的关于"二氧化碳移除和可靠的封存"的报告和一份 141 页的关于"太阳光反射"的报告。

"二氧化碳的移除"涵盖所有可以将二氧化碳从空气中永久抽离的方法——从再造林到直接从空气中捕集二氧化碳。"太阳光的反射"包括了一些改变气候的策略来增加地球的反照率。目前最好的方法是向平流层注入大量的硫酸盐气溶胶来模拟火山爆发的冷却效应。

美国国家科学院委员会看中了"气候干预"(climate intervention)这个术语，而非"地球工程"，因为"我们感觉'地球工程'所说的控制都是虚无缥缈的"，马西娅·麦克纳特(Marcia McNutt)博士(《科学》杂志的主编)这样解释道，她曾经领导过报告委员会。"干预"一词明确了"精确的结果"是不可能提前知道的。同样地，虽然许多科学家把反射太阳光策略称为"太阳辐射管理"，但美国国家科学院还是拒绝使用这个名称，而支持"反照率改变"，同样因为委员会认为"管理"意味着控制结果，而当前人类不具有这种能力。

关于二氧化碳移除，报告中基本的结论为，这种方法是相对安全的，但目前来讲，这种方法花费太高，不能接受，并且很难移除和处理几十亿吨的二氧化碳。关于"反照率改变"的报告的基本结论为，一个或两个这样的策略方案我们是可以负担得起的，但这些计划都是有危险和缺陷的。因为美国国家科学院在这些报告中说到的气候干预问题的关键是，"二氧化碳和其他的温室气体排放的大量减少可以缓解气候变化的负面结果和海洋酸化"，这和 2009 年英国皇家学会的评估结论是一样的,其中提到"地球工程方法并不能替代缓解气候变化"。

　　从煤炭发电厂中捕集二氧化碳,并且将其永久储存,这种方法在目前来讲是非常昂贵的,这点我将在第 6 章中讨论。然而,美国国家科学院认同的二氧化碳移除策略比从煤的燃烧中提取二氧化碳还要昂贵(这不能算作二氧化碳移除,因为这并不是通过煤电厂的碳捕集与封存来移除纯粹的二氧化碳,这只是没有向大气中增加新的二氧化碳而已)。直接的空气捕集(例如,将大量的二氧化碳从稀薄的空气中抽出)非常昂贵,难以成规模,而且大气中的二氧化碳非常分散,体积分数只有400×10^{-6}。美国国家科学院进一步解释道:

　　　　二氧化碳移除方法在使用上的障碍和以下几点有很大的关系:设备安装缓慢,有限的能力,政策的考量,当前可用技术的高额成本。我们需要更多研究和分析来帮助应对这些挑战。基于这些理由,如果碳移除技术能够被广泛部署,那么现在开展研究来提高有关效率和降低成本是非常重要的。最后要强调的是,任何可以减少大气中二氧化碳的行动都有益于减少气候变化造成的损害,或是至少延缓气候变化产生损害的时间。在二氧化碳移除的方法之中也有许多潜在的环境危险,但一般比改变反照率方法的危险要小得多。

科学文献已经反复解释了气溶胶冷却策略的局限性和危险性,或者任何大规模操纵阳光的努力。首先,它们完全无助于减缓第3章中讨论过的海洋酸化带来的毁灭性影响(或其他和二氧化碳增加有关的影响)。在主流媒体中讨论最广泛的反照率改变策略之一是,在外太空放置足够多的反射物或镜子。然而,"美国国家科学院委员会已经选择不考虑这些技术,因为它需要大量的时间(多于20年)、成本高昂(数万亿美元),并且与这些问题相关的技术挑战众多"。

2014年11月,英国《卫报》根据最近的研究报道了气溶胶冷却策略"冒着包括干旱和冲突在内的可怕风险"。研究发现,"如果该技术被用于阻挡温暖的阳光,数十亿人口将遭受更严重的洪水和干旱。"但是,"平流层气溶胶注入"被认为是最好的反照率改变策略。美国国家科学院总结如下:

　　建议3:当前不应该做出足以影响气候的大尺度

反照率改变。

在气候变化尺度上,反照率改变可能会对人类的许多层面,包括政治、社会、法律、经济和伦理,造成不可预料的、不可控的和令人遗憾的结果。

美国国家科学院确实支持一个最基础的反照率改变研究项目,目的是更好地"理解"它。项目的主要专家在 2010 年的《科学》杂志上解释:"平流层地球工程不能在大气中测试,除非是全尺度的实施。"在这篇名为《一场地球工程的测试?》的文章中,研究者还解释道,"不需要巨大的长期的干涉,天气和气候变率就能够改变。如此大尺度地实施地球工程会大规模地破坏粮食生产"——这会影响到 20 亿人。在 2014 年 12 月的封面故事中,《新闻周刊》采访了肯·卡尔代拉(Ken Caldeira)——一位著名的提倡进行反照率改变研究的美国国家科学院委员会成员。文章写道:"卡尔代拉不相信任何关于地球工程的想法会是一个解决气候变化问题的好方法——我们不能大尺度地测试它们,盲目地实施是非常危险的。"美国国家科学院的报告解释道:

　　反照率改变会出现许多的风险和可以预见的不良后果。观测到的火山喷发效应包括平流层臭氧的损失、降水的改变（数量和类型），而且有可能因为太阳辐射散射的增加，森林成长速率增加。就其本质而言，大型的火山喷发是不可控且短暂的，极少数的个例会导致大面积的作物歉收和饥荒（例如，1815 年坦博拉火山喷发）。然而，通过引入气溶胶粒子来维持反照率改变效应与一次短暂的火山喷发实质上大不相同。模型也指出了一些令人担心的结果，比如在持续的反照率改变下，臭氧会耗尽或者出现全球降水减少。此外，反照率改变无助于减少大气中二氧化碳的积累，后者已经导致陆地生态系统组成的改变和海洋的酸化并影响海洋生态系统。

关于反照率改变还有最后一点。美国国家科学院注意到"想要改变天气的想法已经引来了强烈的公众反对"。而且，干预天气有"潜在的导致负面结果的可能"。美国国家科学院引用了一个例子："人类第一次尝试改变一场飓风，发生在 20 世纪 40 年代后期的西锐（Cirrus）项目中，该项目由美国通用电气公司和另外三家军事服务公司合作。"1947 年 10 月，他们打算在佛罗里达州至佐治亚州的沿海制造一场飓风。没有预料到的是，"制造的风暴突然转向西边并且在佐治亚州萨凡纳城登陆"。在这个例子中，"后续的调查和诉讼都已成功辩护。"然而，"重要的教训在于，那些进行着实际改变天气实验的人，不论这些干涉是否造成实际的影响，他们可能都要对改变天气所造成的灾害负法律责任"。卡尔代拉本人在2011年给我写信说道：

让我们来想象一下，反射太阳光的方法像宣传的

投射到林间的太阳光
Photo by pixpoetry on Unsplash

那样真的用于实际。那么，谁能知道一场天气事件是由于平流层气溶胶、过多的温室气体，还是气候系统的自然变异所导致的呢？如果有些地区在平流层气溶胶喷射 10 年后有一场大干旱，那他们会不会将这种改变归咎于气溶胶喷雾系统呢？这是不是有可能会产生政治摩擦，甚至可能引发军事冲突呢？

所以这超越了责任问题。比如说，一群人因为一场干旱失去了他们的农场，他们起诉注入气溶胶的那群人。"即使系统正常工作，其所带来的社会政治风险还是有很大的可能会大于气候效益。"然而，卡尔代拉又说道："当然，这个系统并不像宣传的那样有效。"从这种意义上说，地球工程就如同危险的、没有被测试过的化疗流程一样，用在了可通过饮食和运动来治愈的疾病上——在这里，饮食和运动就是指减少温室气体排放。

美国国家科学院委员会主席麦克纳特在记者招待会上总结了他们的发现，表示不应该认为我们可以在碳排放不受限制的情况下轻松地改变气候，也不应该认为我们有能力做事后补救："世界上没有灵丹妙药，我们不能继续排放二氧化碳并且寄希望于以后再清理它们。"

5　气候政治和政策

本章将会解释全球使用或讨论最广泛的气候政策。本章还会探索气候政治及其相关问题。

各国政府都采取了哪些应对气候变化的政策？

各国政府减缓或扭转本国温室气体排放的主要政策基本可以归为四类：经济、管制、技术，以及森林和土地的使用政策。

第一类专注于经济政策，旨在提高二氧化碳和其他温室气体的排放价格，并补贴无碳能源。制定碳价是以燃烧碳氢化合物（煤、石油和天然气）的经济成本为依据进行的，目的是反映碳排放对人类和社会的实际影响。碳税和总量管制与交易制度是确定碳价的两种主要方式，我们将会在后文中详细讨论。对二氧化碳排放的明码标价并不意味着我们不能继续使用化石燃料来产生能量，只是其成本将会更加高昂。补贴核能或可再生能源（如太阳能和风能）不仅是为了使二者和其他能源处于同样的经济竞争地位，更是为了实现鼓励新技术部署的目标行为，这将降低其成本。

第二类专注于管制性政策,旨在增加清洁能源的使用量或减少温室气体的排放量。方法包括设置汽车燃油经济性标准、电器能源效率标准、可再生能源标准(要求电力或汽车燃料有一定比例来自无碳能源),并限制各类设施的二氧化碳排放量,例如发电厂。美国环境保护署制定的清洁电力计划标准便是管制性政策的典型例子。这类政策还针对其他温室气体的排放,例如甲烷和氧化亚氮。

第三类专注于研究型政策,旨在降低低碳能源的成本,并提高其能源效益。此类政策不仅包括对新能源的基础研究,也包括对提高能源效率技术的应用研究与发展,例如节能灯(LED)、新一代太阳能电池板和低成本电动汽车的电池等。这类研究型政策还包括帮助支付证明大规模运行的低碳能源系统有效性所需的部分成本,例如具备捕集和封存碳的能力的燃煤电站。

第四类专注于土地和森林政策,旨在减少毁林和农业活动导致的温室气体排放量。包括巴西在内的一些国家已经大幅减少了毁林导致的净排放量。毁林和不合理的土地利用政策一度导致了近20%的全球温室气体排放量,但现在,如果我们只看毁林和其他土地利用变化造成的温室气体排放,这一数字现在已经下降到了接近 10％。

什么是碳税？

碳税是针对碳氢化合物燃料中的碳含量，或将其转化为能源后的二氧化碳排放量所征收的税款。包括煤、石油和天然气在内的碳氢化合物燃料中都含有碳，它们一旦燃烧，就会释放二氧化碳。从经济学角度来说，二氧化碳等污染物造成的总经济损失是外部成本问题，我们可以对这一成本进行估算，并将其内化在化石能源的价格中。如果"碳社会成本"（social cost of carbon）可以涵盖排放污染物的所有社会成本，并且税率与这一社会成本持平，那么企业和其他营业单位将会减少化石能源的使用量，以实现效益最大化。但实际上，根据我们对气候变化影响的预估，很多影响都是史无前例的，并且这些影响发生的准确时间，以及相对于现在的成本而言，对于未来成本应该如何估价尚存在很大的不确定性。因此，我们对于碳社会成本的预估范围将会扩大。

世界上很多国家已经开始征收碳税。1991 年，挪威和瑞典开始征收碳税。欧洲其他国家也纷纷依据燃油碳含量征税。

2012 年,澳大利亚公布碳税方案,向大型污染企业和政府部门征收 24 美元/吨的碳税。政府从这些碳税收入中拿出资金,并以降低收入所得税、增加补贴和福利的方式返还给大众。据研究,2014 年中期,碳税已经促使澳大利亚碳排放量减少了 1700 万吨。但在 2014 年 7 月,澳大利亚政府废除了碳税制度。

2008 年,加拿大不列颠哥伦比亚省开征碳税,成为北美地区第一个囊括了所有行业的碳税的行政区。不列颠哥伦比亚省将其定位为"中立性税收",即所有来源于碳税的收入将以减免企业和个人税收的方式重新返还给他们。如果政府将这一收入用于其他政府开支,如促进清洁能源技术的研究和发展,将不符合中立性税收的要求。起初,该省碳税税率为每吨二氧化碳征收 10 加元,到 2012 年,这一数字涨到每吨 30 加元,约合每加仑汽油 0.25 美元。研究表明,从 2008 年至 2012 年,当地化石燃料消费量降低了 17%。与加拿大其他地区比较,这一数字下降了 19%。

一些未制定碳价的国家采取了对汽油和柴油等石油燃料征收高额税费的方法。汽油税通常要比碳税高得多,但是政府利用相关收入来修复公路,并补偿其他由于使用燃料而产生的外部成本。一些欧洲国家和日本的汽油税可以达到每加仑几美元,而当今大多数国家的碳税仅为其 1／10。

什么是总量管制与交易制度和碳交易？

总量管制与交易制度是一种基于市场的环境政策,旨在减少污染,是全球最重要的温室气体(和其他污染物)的减排机制之一。2003 年成立的欧盟碳排放交易体系是"迄今全球最大的环境定价体系",其采用的便是二氧化碳总量管制与交易制度。

在总量管制与交易制度中,政府部门(如美国环境保护署)制定目标,限制某一行业(如公共事业)可以排放某种污染物(如碳污染或酸雨污染)的"总量"(cap)。总量是由该部门分配或售卖有限数量的排放许可和配额来强制执行的,以此赋予企业排放特定量污染物的"权力"。没有配额的企业不得排放污染物。

这些排放许可能够在二级市场销售,就像证券交易一样。一些企业可以降低生产成本,有效地将实际排放量减少至配额以内,这样便可以向其他减排成本较高的企业出售排放许可。这是总量管制与交易制度中的"交易"部分。配额许可随着时间的推移减少，旨在减少排放总量。而总量降低通常意味着交易污染物价格的升高。该政策通过提前透露总量或减少配额的方式，不断地向企业和其他市场参与者表明污染物的价格会随时间上涨，从而促进对二氧化碳减排技术和策略的长期投资。

总量管制与交易制度，以及碳税制度的共同点在于它们都为二氧化碳的排放设定了价格，从而推动减排行动。然而，在排放交易体系中，二氧化碳的价格由市场决定，而碳税的价格则由政府直接决定。理论上，总量管制与交易制度更为灵活，更具有经济效率，并且比"命令和控制"制度更利于企业发展。"命令和控制"制度流行于 20 世纪 70 年代，通常要求企业所有的设备都在一定程度上减少对空气或水的污染。然而，其中一些设备或企业可以轻而易举地完成进一步的减排目标，而另一些企业则很难实现。与其他减排策略一致，总量管制与交易制度旨在实现整体经济范围的排放削减目标。它不仅奖励了最具创新性或减排效率最高的企业，而且会确保通过最低成本实现既定减排目标。

2013 年，两位总量管制与交易领域的专家在《经济学展

望》杂志上发表文章,解释了这一制度的历史沿革:

> 20世纪80年代,美国时任总统罗纳德·里根和
> 美国环境保护署开始推动淘汰含铅汽油的排放交易
> 计划。这一制度削减市场内含铅汽油的速度比预期
> 的更快,并且与传统的、不涉及交易的"命令和控制"
> 制度相比,每年可节约2.5亿美元。此后,乔治·W.
> 布什政府不仅成功地提出了用总量管制与交易制度
> 来削减美国的二氧化硫(SO_2)排放量,并且这届政府
> 也在国际论坛中提倡以排放交易制度来削减全球二
> 氧化碳排放量。起初,欧盟对此提案并不赞成,但最
> 终还是接受了。2005年,乔治·W.布什政府和美国
> 环境保护署共同颁布了《清洁空气州际法规》,要求二
> 氧化硫排放量在2003年的排放总量的基础上减少
> 70%。总量管制与交易制度再一次成为政策工具。

二氧化硫(或者酸雨污染)交易计划是美国1990年的《清
洁空气法修正案》的重要组成部分,美国参议院以89∶11的票
数通过,众议院以401∶21的票数通过,两院中共和党的支持
率为87%,民主党的支持率超过90%。这一交易系统有助于

工业部门以意料外的低成本实现减排目标。2010 年,美国环境保护署的一份研究表明,实施 1990 年的《清洁空气法修正案》的"成本收益比例达到了惊人的 1∶25"。2010 年,实施这一修正案的成本为 530 亿美元,而所获收益可以达到 1.3 万亿美元。截至 2010 年,其累计收益包括拯救了 180 万条生命,预防了 130 万起心脏病突发事件。由于工人和学生都变得更加健康,工作(和生产)日增加了 1.37 亿天,上学日也增多了 0.26亿天。

某种程度上来说,正是酸雨计划在经济、环境和政治上的成果,才使得欧洲开始采用温室气体总量管制与交易制度。为了实现《京都议定书》(1997 年)确立的减排目标,欧盟建立排放交易体系,其政策目标为在 2008 年至 2012 年的 5 年间,欧盟排放总量要在 1990 年的水平上减少 8%。但欧盟排放交易体系存在缺陷,体系内各成员国被派发了过多的配额,导致二氧化碳排放交易价格直线下滑,"2008 年,碳排放价格为每吨30 欧元,但现在已经降至每吨 4 欧元",《纽约时报》于 2013 年如此解释道。好在该体系内大部分的成员国"自 2005 年起,项目所覆盖行业的排放量已经降低了 14%"。所以欧盟排放交易体系成功达到了其减排目标。2014 年,欧盟宣布,2030 年前欧盟温室气体排放量要在 1990 年的基础上减少 40％，而这一体系将成为实现目标的重中之重。

与此相似，因为酸雨计划取得的成功，美国很多州纷纷采用总量管制与交易制度。例如，2013 年，加利福尼亚州开始实施总量管制与交易制度，旨在于 2020 年将加利福尼亚州温室气体排放量降低到 1990 年的水平，且其终极目标是到 2050 年，全州温室气体排放量在 1990 年的基础上降低 80％。2017 年 7 月，加利福尼亚州通过了一项法律，将该系统延长至 2030 年，届时加利福尼亚州的温室气体排放量必须比 1990 年的水平低 40％。

2003 年，美国共和党人、纽约州时任州长乔治·保陶基 (George Pataki) 联络了美国大西洋中部沿岸和东北地区各州州长，"一起构思有利于区域带动全国的策略，以抗击全球气候变化"。以此为契机，区域温室气体减排倡议于 2008 年问世了，采用总量管制与交易制度，目标是在 2018 年将区域内电力部门的二氧化碳排放量减少 10％，其成员一度包括 10 个州：康涅狄格州、特拉华州、缅因州、马里兰州、马萨诸塞州、新罕布什尔州、新泽西州、纽约州、罗得岛州和佛蒙特州。直到 2011 年，新泽西州退出区域温室气体减排倡议。

美国各方为实现全国范围内的二氧化碳总量管制与交易制度做出了各种努力。共和党人、亚利桑那州国会参议员约翰·麦凯恩(John McCain)不断地向参议院要求启动这一制度的立法程序,但他从没有获得过足够的投票支持。2009年,美国众议院通过了一部总量管制与交易制度的法案,但立法部门并没有将其上呈至参议院。该法案的批判者表示其太过复杂和昂贵。

其他国家也逐渐开始实施总量管制与交易制度。2015年1月,韩国启动了一项减排计划。韩国是世界上最大的碳市场之一,2017年7月,韩国总统表示限额交易系统是其气候政策的核心。2011年,中国碳交易正式启动,批准北京市、天津市、上海市、重庆市、湖北省、广东省为碳交易试点。2014年秋天,中国承诺在2030年前达到碳排放总量的上限。2015年,中国宣布将在2年内推出一个全国范围的总量管制与交易制度。2017年12月,中国宣布此制度已经开始实施,起初主要用于公共事业部门和火力发电厂。人们普遍认为中国的基于总量管制与交易制度的碳交易市场将成为全球最大的碳交易市场。

中国和印度为限制二氧化碳排放做出了哪些努力？

2017 年 5 月，"气候行动追踪组织"（Climate Action Tracker）的一项研究表明，"中国和印度都将超额完成它们在《巴黎协定》中做出的承诺"。"气候行动追踪组织"项目是三个欧洲智库的联合项目，它们负责监督《巴黎协定》的实施进展。该研究还发现，"中国的二氧化碳排放量似乎比在《巴黎协定》中承诺的在 2030 年前达到峰值还提前了 10 多年。"

2014 年 11 月，中国和美国共同发表了《中美气候变化联合声明》（下文简称《联合声明》），指出"中国计划在 2030 年左右达到二氧化碳排放峰值且将努力早日达峰"。中国发展迅速，已经成为全球主要的二氧化碳排放国之一。这是主要的发展中国家首次承诺大幅改变其二氧化碳排放量和化石能源消费方式。《联合声明》被广泛认为增加了 2015 年 12 月《巴黎协定》达成一项成功的全球气候协议的可能性。一位中国专家对我说，如果不是中方领导人坚持认为中国可以并且应该做到"努力早日达峰"，他们本可以不做出这样的承诺。

中国为了早日达到二氧化碳排放峰值做出了诸多努力，包括能源价格改革、严格的汽车燃料经济性标准,以及雄心勃勃的清洁能源技术部署,其太阳能、风能方面的发明和创造已经走在世界前列。在《联合声明》中,中国承诺:"计划到2030年非化石能源占一次能源消费的比重提高到20%左右。"美国白宫表示,这一清洁能源的承诺将意味着"到2030年,中国要新增8亿千瓦至10亿千瓦核能、风能、太阳能,以及其他零排放清洁能源的产能"。该数字"高于目前中国全部煤电站的发电产能,大致相当于目前美国的全部发电产能总和"。

之后,中国政府宣布煤炭消耗量将在2020年达到峰值。国务院表示,煤炭消费峰值将为42亿吨,比当前的消费水平增长了1/6。这是中国能源政策的重大转变。过去20年间,中国平均每周都会至少新增一座燃煤发电厂;今后几十年,中国计划平均每周新增一座同等产能的清洁能源电厂,而新建燃煤发电厂的速度迅速放缓。

中国限制煤炭消费量不仅是出于减缓气候变化的目的,而且还基于中国的城市空气污染程度位居世界前列的考虑。基于上述公共健康和国内政治等方面的考虑,中国政府要尽快达到煤炭消费峰值。例如,为了实现二氧化碳减排和治理空气污染的目标,北京市至2030年的煤炭消费量需要比当前减少99%,

达到 20 万吨以下。中国国家发展和改革委员会能源研究所的一位能源专家向路透社解释,"在全国煤炭消费总量的严格管控目标下,我们正通知各省市政府它们可以消费的煤炭总量"。这将意味着,"煤炭消费量最大的河北省、天津市和山东省"至 2030 年的煤炭消费量需要比当前减少 27%。

2014 年 2 月,中国宣布其 2014 年煤炭消费总量同比下降 2.9%,是 21 世纪以来的首次下降,其中,国内原煤产量较去年同期下降 2.5%。华盛顿智库美国进步中心(Center for American Progress)中国政策项目主任韩美妮(Melanie Hart)解释,2014 年中国煤炭消费量下降,表明"中国正在努力迈向 2020 年煤炭消费量达到峰值的道路",并且"如果在接下来几年中,煤炭消费量增速持续下降,那么峰值可能会到来得更早"。

2015 年 6 月底,我曾访问中国,并与政府和非政府的清洁能源和气候专家进行会面。这次访问使我更加清楚地看到,中国领导人正在商议出台新的能源政策,清除空气污染,这也是中国全面抗击气候变化和制定清洁能源目标的主要原因。几年前,中国在太阳能和风能的制造和使用方面成为世界领先的国家。2016 年,中国安装的太阳能电池板的数量几乎是 2015

年的 2 倍,这是创纪录的一年。因此,中国预计在 2020 年完成的太阳能电池板安装目标很可能提前 2 年实现。

2017 年 1 月,中国在最新的 5 年能源发展规划中宣布将在 2020 年前投资 2.5 万亿元 (约 3600 亿美元)。其中,约 1440 亿美元用于太阳能,1000 亿美元用于风能,700 亿美元用于水力发电,其余的用于潮汐和地热发电。中国国家能源局表示由此产生的"就业人数将超过 1300 万人"。

太阳能电池板
Photo by American Public Power Association on Unsplash

政府数据显示,2016 年中国煤炭消费量连续第三年下降。2017 年,中国煤炭消费增加,这表明虽然煤炭消费接近一个平稳期,但尚未见顶。同样地,中国二氧化碳排放处于或接近平稳值。

印度在 2015 年 10 月宣布的最初的《巴黎协定》承诺——其国家自主贡献——致力于减缓二氧化碳排放的增长速度,将非碳能源(可再生能源和核能)发电量占总发电量的比例从目前的 30％提高到 40％,这要求到 2030 年需要大约 200 吉瓦的新非化石能源发电量。同年 12 月,印度高级谈判代表在巴黎表示,如果《巴黎协定》能够带来足够的外国投资以促进可再生能源的发展,印度将减少煤炭消费。刺激投资成为巴黎及其他地区领导人关注的焦点。2017 年 1 月,印度电力部长皮尤什·戈亚尔(Piyush Goyal)发表声明称,到 2022 年,印度在可再生能源发电和输电方面的投资将超过美国的 2500 亿美元,到 2030 年投资将达到 1 万亿美元。

2017 年 5 月,气候行动追踪组织发现,如果印度能够实施当前的所有计划,它将在 2022 年前提前实现原定于 2030 年实现的 40％非化石能源产能目标,在 2027 年将达到 57％。

美国为限制二氧化碳排放做出了哪些努力？

美国在 2009 年哥本哈根气候变化大会中承诺 2020 年排放量比 2005 年减少 17％，在 2014 年《联合声明》中，奥巴马总统首次提出"到 2025 年温室气体排放量较 2005 年整体下降 26％～28％"，该减排目标总量几乎是之前承诺的 2 倍。

美国联邦政府和地方政府均采取了各种削减碳排放的策略。在过去的几年中，美国采用了比近几十年来更为严格的汽车燃油经济性标准。超过半数的州政府制定了可再生电力标准，要求电力企业使用太阳能、风能等可再生能源生产的电力必须达到一定比例。美国联邦政府有对能源研究、开发、示范和部署投资的长期项目，这有助于降低可再生能源的成本。一些州对于削减二氧化碳排放量有具体的计划，例如上文讨论过的，美国大西洋中部沿岸和东北地区各州制定的区域温室气体减排倡议。加利福尼亚州实施了强有力的温室气体治理法规，要求长期且大幅度地减少二氧化碳排放量，在 2050 年实现在 1990 年的基础上减少 80％。

上述这些政策和水力压裂技术共同促使天然气成本降低，

雄心勃勃的联邦政府和州政府,以及努力提高能源效率的企业,共同扭转了美国温室气体排放量不断增长的趋势。2016年,美国的二氧化碳排放量已经在 2005 年的水平上减少了 14%。

为了实现 2020 年及以后的减排目标,美国政府采用的最主要的政策是实施《清洁空气法》,旨在要求美国环境保护署治理危害公众的污染物。2007 年,美国联邦最高法院就"马萨诸塞州诉美国环境保护署"案做出判决,裁定包括二氧化碳在内的温室气体属于《清洁空气法》所规定的空气污染物。2009年,美国环境保护署研究发现,二氧化碳对公共健康造成威胁。这意味着美国环境保护署需要对"流动源"(mobile source)二氧化碳排放进行监管。因此,在制定新的美国汽车燃油经济性标准时,美国环境保护署的确将其考虑在内。此后,美国联邦最高法院要求美国环境保护署对"固定源"(stationary source)二氧化碳的排放也进行监管,其中最主要的排放者便是新建的和既有的发电厂。

2014 年,美国联邦最高法院以 7∶2 的票数确认了美国环境保护署对包括发电厂在内的固定源温室气体排放的监管权。2016 年 8 月,美国环境保护署制定了《清洁能源计划》,这是第一个旨在减少现有发电厂二氧化碳排放的法规。这些法规确定了各州每生产 1 单位电量允许排放的二氧化碳总量。此后，为实现该目标，各州可以为其供电方制订详细的计划，包括新建可再生能源与核电厂、以天然气厂替代燃煤电厂、多运转清洁电厂（少运转污染严重的电厂）、实施能源效率项目、对电厂进行二氧化碳捕集与封存，以及采用碳税或总量管制与交易制度。

早在 2016 年 2 月，美国最高法院暂停《清洁能源计划》的审理，在华盛顿特区上诉法院裁定之前，这一条款仍然有效——如果它推翻了这一裁决，该案很可能会上诉至最高法院，要求法院做出最终判决。2017 年 3 月，美国总统特朗普签署了旨在废除《清洁能源计划》以及奥巴马政府制定的适用于 2022 年至 2025 年的更严格的燃油经济性标准的行政命令。

2017 年 6 月，特朗普总统宣布美国有意退出《巴黎协定》。气候行动追踪组织的独立分析团队得出结论，美国的气候计划至少是对公平的贡献的重要终结。特朗普的声明发表后，追踪组织指出，如果不制定进一步的政策，美国将很有可能不履行其许下的 2025 年巴黎承诺。

美国以及世界各地的不同政党如何看待气候科学以及气候政策?

世界上大多数国家中,相互对立的政党通常倾向于共同拥护主流科学共识,并表明气候变化是一个必须解决的严肃问题。例如,虽然在过去的 20 年间,欧盟各国领导人在保守派和自由派中轮番产生,但他们仍然共同制定出了越发强有力的温室气体减排目标。早在 2010 年,英国的一份报纸就表示:"英国各主要政党签署低碳转型计划,共同发展绿色、低碳的英国经济,以刺激经济增长,应对气候变化。"

2009 年,当一些英国气候学家遭遇抨击时,英国工党领袖、时任英国首相戈登·布朗(Gordon Brown)和英国保守党领袖均反复重申对气候科学的支持:

但是今晚,英国影子内阁、能源与气候变化大臣格雷格·克拉克(Greg Clark)明确表示,工党仍坚持认为气候变化是严重的人为威胁。"对气候变化的深入研究涉及成千上万的科学家,多年来他们进行了很多独立的研究。现在的情况是气候变化在很多方面

仍然有待解决,例如地球上热带雨林的日渐退化,这
一问题十分迫切。"

英国 2015 年的议会选举中,虽然各政党为实现这一目标制定的具体政策大相径庭,但它们均重申其对于英国气候目标的支持。2015 年 12 月,在英国首相戴维·卡梅伦(David Cameron)的领导下,保守党谈判并签署了《巴黎协定》。2016 年 11 月,英国首相特雷莎·梅(Theresa May)批准了这一计划。

全球很多国家的不同政党在气候变化的问题上存在分歧。例如,2012 年,澳大利亚工党政府开始推行碳税。但在 2013 年的联邦大选中,其反对方自由党极力反对碳税。最终自由党赢得了 2013 年大选,并于 2014 年成功废除了碳税。

美国两党政治立场在全国范围的气候变化议题上极其分裂。通常,民主党和其领导人倾向于强有力的气候变化行动,而共和党和其领导人则恰恰相反。然而,党派分歧并不总是如此尖锐。2008 年,民主党总统候选人(国会参议员巴拉克·奥巴马)和共和党总统候选人(国会参议员约翰·麦凯恩)协力建设美国全国范围内的总量管制与交易制度平台。2008 年,许多共和党领袖都表示支持气候行动。此外,很多州级共和党政府领导人也推行了强有力的气候行动。正是美国共和党人、纽约州时任州长乔治·保陶基的不懈努力,才促成了区域温室气体减排倡议,并在美国大西洋中部沿岸和东北地区各州推行总量管制与交易制度。共和党人、加利福尼亚州时任州长阿诺德·施瓦辛格(Arnold Schwarzenegger)为加利福尼亚州制定了严格的二氧化碳减排目标,并且他本人也是气候行动的大力推广人。

然而,在国家层面,共和党强烈反对气候行动,很多选举出的领导人并不相信甚至怀疑基础气候科学。2010 年,《国家杂志》报道,"共和党领导人拒绝接受气候科学,与当今包括保守党在内的主流政党的意见相左"。文中指出,与之相反,英国外交大臣威廉·黑格(William Hague)以及"包括法国总统尼古拉·萨科齐(Nicolas Sarkozy)和德国总理安格拉·默克尔(Angela Merkel)在内的欧洲著名保守党人已经接受了"关于气候变化的科学共识,并且"支持采取大力行动"。

最近,来自美国肯塔基州的共和党人、国会参议院多数党领袖米奇·麦康奈尔(Mitch McConnell)在"美国全国各州议会大厦和法院开展了激进的行动",以反对美国环境保护署制定的二氧化碳排放标准。"这一行动远远超过了麦康奈尔先生的权限和管辖范围",《纽约时报》如此评价。2015 年 3 月,麦康奈尔写信寄给美国各州州长,敦促他们不要遵守联邦法律。《纽约时报》报道称,麦康奈尔正在试图"削弱奥巴马的国际地位,因为奥巴马正在商议一项将于 12 月在巴黎签署的全球气候变化条约"。

最终,美国与其他国家一道谈判并签署《巴黎协定》。但在 2016 年美国总统大选期间,共和党候选人唐纳德·特朗普声称全球变暖是"一场骗局"——并且表明如果他当选的话,会退出《巴黎协定》。特朗普当选后,任命了包括美国环境保护署署长斯科特·普鲁特(Scott Pruitt)在内的一些积极否定气候变化科学共识的共和党人担任高级职位,并且得到了由共和党控制的参议院的批准。2017 年 6 月,特朗普宣布了其想要让美国退出《巴黎协定》的意图。现在,美国各政党在气候问题上的分歧和以往一样大。

有机构在大规模地传播有关气候科学的错误信息吗？ 如果有,谁是幕后主使呢？

20 多年来,化石燃料产业一直资助的科学家、智库和其他相关机构否认并怀疑人类活动导致全球变暖这一科学认知。主流媒体对此进行了大量报道。2015 年 2 月,《纽约时报》披露,哈佛-史密松天体物理中心 (Harvard-Smithsonian Center for Astrophysics) 的某位研究人员,长期以来持续否认并怀疑人们广泛接受的气候变化科学知识。"过去的 10 年里,他从化石燃料企业那里拿到超过 120 万美元的资金,但他本人并没有在发表科学论文时披露这一点。"其中包括他从埃克森美孚 (Exxon-Mobil) 那里收到的资金和"从美国查尔斯·科赫慈善基金会 (Charles G. Koch Charitable Foundation) 收到的至少 23 万美元的资金"。在《贩卖怀疑的商人:告诉你一伙科学家如何掩盖从烟草、臭氧洞到全球变暖等问题的真相》等书籍和文章中,历史学家和记者表示:①错误信息和虚假信息的宣传运动应当追溯至烟草公司通过各种宣传运动误导公众,否认吸烟有害健康;②某些情况下,这些宣传者是完全相同的一批人。

2009 年,《纽约时报》报道称,全球气候联盟 (Global Climate Coalition) 是一个由化石燃料行业所支持的反对行动游说团体。20 世纪 90 年代,该联盟无视联盟内气候学家的研究成果,广泛传播有关全球变暖的虚假信息。一份内部报告表示,人类活动是全球变暖"不可否认"的原因,然而联盟领导人对此充耳不闻。该联盟领导了"激进的游说和公共宣传运动，试图否认温室气体的排放会导致全球变暖"。然而，1995 年，全球气候联盟的科学家在撰写《气候变化科学入门》最终草案时，表明"温室气体在全球变暖中的角色毋庸置疑"。几年后，经过美国联邦诉讼案，该报告最终得以发表。这些专家在该报告中总结："温室效应的科学依据和人类排放二氧化碳等温室气体的潜在影响已经得到广泛认可，无法否认。"此外，在发表长报告《过去 120 年间的气候变化是否还有其他解释》之后，他们总结："与主流相左的理论使我们对气候变化进程的整体理解产生了更多有趣的疑问，但是其并未对如何反驳传统的温室气体排放模式会导致气候变化这一论点给出令人信服的论据。"

《纽约时报》报道，全球气候联盟的"财政收入主要来自石油、煤炭和汽车制造业的一些大企业和行业团体"。它们的财政预算十分充足：

> 1997 年，世界各国开始协商达成国际性的气候协议——《京都议定书》。根据环境团体拿到的纳税记录，同年全球气候联盟的财政预算达到了 168 万

美元。

20 世纪 90 年代,该联盟投入几百万美元的资金,开展各类宣传运动,只为反对《京都议定书》的价值观。政策制定者和专家曾就人类活动是否会让地球变暖到危险的程度这一问题展开了激烈的辩论。

最后,《纽约时报》写道:"根据其他记载,全球气候联盟此后还要求编写《气候变化科学入门》的专家剔除有关全球变暖科学的基础知识。"正如长达几十年来,烟草公司深知吸烟的危害和尼古丁成瘾的事实,但是它们的首席执行官和代表人仍公开否认这些事实,很多否认人类活动导致气候变化的人,其实也早已了解了这一科学事实。

2015 年,我们了解到石油巨头埃克森公司早在 1981 年就已经认识到了气候变化的科学事实,这远在气候变化成为一个政治问题之前,当时,它们试图传播关于气候变化的虚假信息。2016 年,国际环境法中心(Center for International Environmental Law,CIEL)公布的石油工业文件将这一虚假信息传播的开始日期提前到 20 世纪 60 年代或更早。

早在 1946 年，主要的石油公司就已经成立了一个"烟雾委员会"，以支持对空气污染问题的科学研究，并利用他们的研究成果来影响关于环境的公众辩论。国际环境法中心解释说："他们的目的是利用科学和公众的怀疑来阻止他们认为草率、昂贵和不必要的环境法规。"该委员会后来被并入石油行业的游说机构——美国石油协会（American Petroleum Institute, API）。

1957 年，亨伯（Humble）石油公司，即如今的埃克森美孚公司知道了化石燃料可导致二氧化碳浓度上升，并且可能导致气候变化。到 1968 年，斯坦福研究所的科学家已经完成了他们向美国石油协会提交的关于"气态大气污染物的来源、丰度和命运"的最终报告。该报告指出大气中二氧化碳含量上升的最好解释是"化石燃料排放理论"。科学家警告说，到 2000 年，"二氧化碳含量上升对我们环境的潜在危害将会十分严重"，如果气候变暖的程度足够大，我们将会看到南极冰盖的融化和海平面的迅速上升，甚至会"比目前观察到的变化大 100 倍"。

多年以来，化石燃料公司和它们的执行官就已经为虚假信息的宣传投入了上千万美元。石油公司埃克森美孚在过去很长一段时间内都是最主要的投资方。然而，由亿万富翁查尔斯·科赫(Charles Koch)和大卫·科赫(David Koch)兄弟运营的大型化石燃料工业集团——科氏工业如今已取而代之。1997年至2010年间,科氏工业为宣传虚假信息投入了4850万美元。一份报告总结:"2005年至2008年间,埃克森美孚为否定全球变暖的机构提供了890万美元的资金,而科氏工业基金会则为其提供了2490万美元。"

2015年,《纽约时报》披露魏·霍克"威利"·苏恩(Wei-Hock "Willie" Soon)博士总共从埃克森美孚、科氏工业和其他化石燃料企业拿到超过100万美元的资金,但他本人并没有在发表科学论文时披露这一点。此间,苏恩在论文中重复表示,人类活动不是全球变暖的主要原因。《纽约时报》解释如下:

> 苏恩博士在气候学领域里鲜有建树,但他在多年来发表的文章里坚称太阳能量的变化才是近期全球变暖的主要原因。他在文章中表示,人类活动只对全球变暖起到了很小的作用。

《纽约时报》接着解释:"领域内一些专家表示,苏恩博士采用的是过时的数据,就太阳能量输出和气候指标的关系发表了虚假的结论，也没有将人类活动排放的二氧化碳对气候变化的影响考虑在内"。美国国家航空航天局戈达德太空研究所负责人解释，太阳能量的变化充其量只对近期全球变暖起到10％的作用，人类活动排放的温室气体才是最主要的原因，"苏恩博士的研究几乎毫无意义"。

2014年10月，哈佛-史密松天体物理中心发表气候声明，明确表示这样的观点是反科学的。哈佛-史密松天体物理中心解释："科学证据表明，人类活动导致大气中不断升高的二氧化碳浓度才是全球气候不断变暖的原因"。最新发现的文件表明，"苏恩博士形容自己的科学论文是与企业交换资金的'可交付成果'，而资助方也认同这一点"。美国南方电力公司是一家以煤炭为主要燃料的电力公司，也是科学否认者的主要资助方。哈佛-史密松天体物理中心与南方电力公司续签合同，其中便要求哈佛-史密松天体物理中心为煤炭企业提供"发行物的书面副本……供评论并提供修改意见"。

化石燃料产业早在20多年前就知道太阳能量变化不是近期气候变化的原因。早在1995年，全球气候联盟的科学和技术专家就在《气候变化科学入门》草案中写道：

太阳能量变化的假设和帕特·迈克尔斯（Pat
Michaels）对温度记录提出的问题，并不足以与"温室
气体的排放导致全球变暖"这一结论相抗衡。然而，
如果大气中温室气体浓度上升 2 倍或 4 倍后，气温将
会急剧升高，不论是太阳能量变化或温度记录异常，
均无法对这一现象做出合理解释。

我们正朝着大气中二氧化碳浓度增长 2 倍的情景发展，而
世界顶尖的气候学家和政府对其后果的危险性已经进行了深
入了解，并广泛接受。过去几十年间，化石燃料产业大力资助
了虚假信息的宣传运动。现在，科学家揭穿了这些谎言，称之
为拒绝基础科学和重复错误论据的做法，为化石燃料产业工作
的科学家也不例外。当前，继续开展虚假信息宣传运动的花费
要比原来高得多。

谁是气候科学否定者？

科学家和各国政府多次重申，越来越多的研究成果在不断
加强我们对气候科学的基础认识。但总有一些人拒绝接受这
一结果，包括一小批气候领域的科学家。我们通常称这些人为

"气候科学否定者"或"气候否定者",尤其是那些接受化石燃料企业财政支持的人。我们通常用"否定者"(denier)来形容那些抵制气候科学的人,而其他人则拒绝接受这一称呼,宁愿使用"怀疑论者"(skeptic)一词。然而,所有科学家都是怀疑论者,因而有人认为"否定者"对于不接受气候科学的人来说更加准确。

"基于现有的充足证据,约97%的气候学家总结,人类活动导致的气候变化正在发生",美国科学促进会如此解释。美国科学促进会是世界上最大的科学联合体,其于2014年发布了报告《我们所知道的》,并于其中阐述:

> 人类活动之于气候变化,正如吸烟之于肺部和心血管疾病。内科医生、心血管科学家和公共卫生专家一致同意吸烟会导致癌症。这一健康领域的共识使美国人相信吸烟导致的健康风险是真实可信的。气候学家最近也达成了类似的共识:气候变化正在发生,而人类活动是主要原因。

媒体不会谈论"烟草怀疑论者",也不再给否认吸烟有害健康的人发言权。然而,一些媒体仍在引用气候科学否定者的言论。2014 年 12 月,48 名顶尖科学家和科学记者共同签署声明,要求媒体"不再使用'怀疑论者'这一词汇来称呼气候科学否定者"。这 48 个签名来自美国、英国等多个国家,他们都是怀疑论调查委员会(Committee for Skeptical Inquiry)的成员,其中包括诺贝尔奖得主哈罗德·克罗托(Harold Kroto)爵士,美国印第安纳大学概念和认知研究中心(Center for Research on Concepts and Cognition)主任道格拉斯·霍夫施塔特(Douglas Hofstadter),美国亚利桑那州立大学起源项目负责人、物理学家劳伦斯·克劳斯(Lawrence Krauss),以及《比尔教科学》节目主持人比尔·奈(Bill Nye)。

2014 年 11 月,《纽约时报》刊载名为《共和党人发誓对抗美国环境保护署并要建成基石输油管道》的文章,直指俄克拉何马州共和党参议员、"长期的气候怀疑论者"詹姆斯·因霍夫(James Inhofe)。正是这篇文章推动了科学家和记者发表该声明。他们指出,就在发表声明的那个星期,美国国家公共电台(National Public Radio,NPR)在《早间新闻》中,将因霍夫称为"国会中气候变化否定论的主导者之一"。声明中还表示,"这是两种不同的陈述",不应当将这两个术语混为一谈。

"合理的怀疑论者推动科学研究、批判性调查,以合理的论据检验有争议和石破天惊的理论,"声明中如此写道,"这是科学研究的根本。但与之相反,否定者则是在公正地考虑问题之前,就会先验性地拒绝。"科学家和记者指出,因霍夫关于全球变暖的论断是"在美国人民身上实施的最大骗局",也是非比寻常的"巨大的阴谋指控"。他们表示,真正的怀疑论者会像卡尔·萨根(Carl Sagan)的那句名言所说的:"只有独特的证据才能支持石破天惊的理论。"然而,该参议员甚至连他阴谋论中最普通的理论都无法自证,"仅这一点,就可以将他(因霍夫)从'怀疑论者'的名单上抹去"。

签署人解释,他们"都是怀疑论者,并在其职业生涯里实践和推动科学怀疑"。他们要求记者"不再使用'怀疑论者'这一词汇来称呼气候科学否定者"——也就是那些拒绝接受基础气候科学的人。他们写道:

> 作为科学怀疑论者,我们已经充分意识到政治因素对于气候科学的损害。那些否认现实情况的人并不参与科学研究,他们只相信内心坚持的错误观点。对这些人的行为最恰当的形容词便是"否定"。并不

是所有自称气候变化怀疑论者的人都是否定者,但是几乎所有的否定者都自称"怀疑论者"。通过这种误称,记者给了那些拒绝科学和科学研究的人不应有的可信度。

一些被称作"否定者"的人十分介意这一称呼,因为这像是隐喻他们是纳粹大屠杀的否定者。另一些人则试图创造"否定者"(denialist)或是"虚假信息提供者"(disinformer)等词来混淆视听。然而,创造新词语几乎是不可能的,因此"否定者"仍然是包括他们在内最为广泛使用的词语。2012 年,美国国家科学教育中心(National Center for Science Education)在名为《为什么称之为否定》的文章中解释道:

> "否定"是很多否定者常用到的术语。"实际上,我更喜欢'否定者',这比'怀疑论者'更接近事实。"麻省理工学院的理查德·林德森(Richard Lindzen)如此说道,他是最著名的否定者之一。明尼苏达全球变暖(Minnesotans for Global Warming)以及其他主要的否定团体甚至高歌:"我是一个否定者!"

因此,使用"否定者"一词并不意味着等同于纳粹大屠杀的否定者。此外,大多数使用这一术语的人并没有这方面的意思。也就是说,我们建议使用这一术语的人能够解释使用这一词的真实意图。

6 清洁能源的作用

本章将关注清洁能源革命和低碳经济转型中最为广泛讨论的能源技术。本章会探索能源转型的规模,解释为什么某些能源技术贡献重大,而另外一些则没有。

为了实现将全球变暖幅度控制在 2 ℃以内的目标,能源系统应当如何改变?

为了使全球变暖幅度控制在 2 ℃以内,到 21 世纪中期,我们需要将全球二氧化碳以及其他主要温室气体污染物的排放量削减至少 50%。这一减排趋势需要保持到 2100 年,并在那时实现温室气体净排放总量即使没有变为负数,也要接近于零。

政府间气候变化专门委员会在 2014 年第五次评估报告中回顾和评论了与适应气候变化相关的科学和经济文献,指出"1970—2010 年化石燃料燃烧和工业过程中的二氧化碳排放量约占温室气体总排放增量的 78%,与 2000—2010 年增量的百分比贡献率相近"。这便是政策制定者如此重视能源系统的原因。

　　将全球变暖幅度控制在 2 ℃以内意味着大幅削减燃烧化石能源的排放量——除非化石能源的大规模碳捕集与封存技术变得切实可行，我们将会在本章后半部分对此进行具体探讨。然而，碳捕集与封存技术在接下来的几十年可发挥的作用有限。2015 年《自然》杂志发表名为《为将全球变暖控制在 2 ℃以内需禁止使用的化石燃料的地理分布》的文章解释："因为碳捕集与封存技术花费过大，引进时间相对较晚（2025 年），以及其可建造的最大规模有限，所以该技术对于在 2 ℃情景下，2050 年前可开采的化石燃料总量影响不大。"文章总结如下："研究结果表明，如果要想实现将全球变暖幅度控制在 2 ℃以内的目标，那么全球石油储量的 1/3、天然气储量的 50％和煤炭当前储量的 80％以上都应该在 2010 年至 2050 年之间停止开采。"

　　国际能源署是为数不多的独立国际组织之一，利用各类成熟的全球能源模型，具体分析不同的排放情景对全球能源系统会产生何种影响。国际能源署的出版物《世界能源展望 2011》中，"展现了代号为 450 情景①的情况，其中能源消耗方式与全

---

　　① 450 情景即二氧化碳体积分数峰值达到 450×10^{-6}。——译者注

球长期平均温度同比增长一致,维持在 2 ℃"。该出版物表示,所有的情景"已经被我们现有的资本存量(电厂、建筑、工厂等)锁定"。国际能源署总结道:"如果到 2017 年,我们还不采取进一步减排行动,届时,既有的能源相关基础设施产生的二氧化碳排放量将会达到 450 情景中到 2035 年所允许的所有排放量。"换言之,我们的地球已经无法再大量地新建使用化石燃料的基础设施。新增基础设施应当达到零排放标准。新增任何的化石燃料能源系统,都应当关闭同等产能的旧系统。此外,我们应该开始将现有化石燃料能源系统替换为零排放系统。

能源相关的气候变化解决方案的核心是在接下来的几十年内大量供给无碳能源,或大幅提高能源利用效率。对于能源供应来说,气候变化解决方案的核心是核能、可再生能源(如风能、太阳能等)和化石燃料发电站的碳捕集与封存。本章将会讨论能源供应方如何兑现 21 世纪中期大幅削减全球温室气体排放量的承诺。本章也会讨论如何通过节约能源和提高能源效率来减少能源需求。最后,本章会关注农业部门如何减少温室气体排放量。

什么是能源效率？ 它在减排中起到什么作用？

提高能源效率是指在保持或提高能源产品和服务质量的同时，减少其能源消费量。提高能源效率是应对气候变化最重要的解决方案，原因有如下几点：

(1) 提高能源效率是当前最大的资源；

(2) 提高能源效率成本最低，远低于当前不可持续能源的成本，所以可以弥补其他解决方案的成本；

(3) 提高能源效率是当前起效最快的解决方案，而且不存在其他方案中需要考虑的输电、选址等问题的困扰；

(4) 提高能源效率是"可再生的"，因为效率的潜力永远存在。

提高能源效率可以仅仅是采用与外界隔绝的建筑结构，减少冷暖空调的能源消耗。提高交通的能源效率可以体现在提高机动车燃油经济性标准。提高照明的效率可以用发光二极管(LED)灯代替低能效的白炽灯，也可以采用占用传感器(当所有人离开房间时自动关灯)来实现。此外，提高建筑的能源效率可以通过设计高效利用自然光的建筑来实现,这样将会大幅减少电灯的使用。

2014年11月,国际能源署发布的《2014年能源效率市场报告》表示,"全球能源效率市场总估值超过3100亿美元,并在持续增长"。国际能源署署长玛丽亚·范德胡芬(Maria van der Hoeven)说:"对于国际能源署成员国和其他国家来说,能源效率其实是一种隐形燃料。它在幕后默默工作,提高我们的能源安全系数,降低能源成本,并有助于我们实现气候目标。"国际能源署解释道:"在国际能源署的设想中,要想将全球变暖幅度控制在2 ℃以内,最大的减排份额(40%)就来自能源效率。"报告所提供的相关数据将"能源效率的角色定位成'首要燃料'"。

我过去15年间在美国能源部、非营利智库和咨询事务所工作的经验告诉我,任何一所住宅、商用建筑或生产设施都可以减少25%~50%的能源消费量和二氧化碳排放量,从而降低能源支出,并提高生产力。通常情况下,这可以使投资回报率超过25%,甚至在许多情况下可以达到50%~100%。1999年,我的第一本案例研究合集出版了,名为《伟大的公司:最好的企业如何通过减少温室气体排放提高利润和生产力》,其中包括对约 100 家公司如何减少污染并降低能源消费量和提高生产力的案例分析。在此 5 年前,绿色设计大师比尔·布朗宁(Bill Browning)和我共同发表名为《绿色建筑和底线:通过能源效率设计增加生产力》的文章,这是落基山研究所(Rocky Mountain Institute,RMI)的一篇报告,它由美国绿色建筑协会(U. S. Green Building Council)进行同行评审。虽然此后有很多能源效率和设计方面的专家在报告中支持这些研究发现,可是人们往往认为这些案例研究不过是轶事而已。

2014 年 10 月,国际能源署——负责能源分析的全球组织,在名为《提升能源效率带来的多种效益》的报告中表明,提升能源效率给非能源部门带来的效益,与节能效益相等(或更多)。这份长达 232 页的报告打破了世人对于提高能源效率长达几十年的刻板印象。

《提升能源效率带来的多种效益》报告中最值得一提的结论可能是"到 2035 年,采取经济可行的能源效率投资,仅在美国便可能带来 18 万亿美元的累积经济回报",超过当前美国经济总规模。

值得一提的是,报告研究发现,绿色建筑设计可以实现健康效益,包括降低医疗成本和提高工人的生产力,"最多可以占到总效益的 75%"。这也就是说,能源效率升级带来的附加非能源效益可以达到节能效益的 3 倍。国际能源署还研究发现,当我们将生产力的价值和工业效率带来的运营效益考虑进传统的内部收益率计算方法时,投资能源效率的成本回收期便从4.2年缩短至1.9年,即投资成本回收时间缩短了一半。

如果开发商、建筑师、建筑业主和政府部门能够广泛接受这篇报告的核心发现,那么建筑物可以给建筑设计和公共政策带来革命性的变革:

> 改进建筑物的能源效率(例如房屋绝缘改造和节能改造),能创造出有利于改善居住者健康和福利的生活条件,尤其对包括小孩、老人和病患在内的弱势群体大有裨益。其潜在效益包括改善身体素质,减少呼吸道和心血管疾病、风湿病、关节炎和过敏症状,也减小了受伤的概率。一些研究量化了总体产出,发现如果将对健康和福利的影响考虑在内,其效益成本比高达 4∶1,健康效益可以达到总效益的75%。此外,提高能源效率有助于促进心理健康,减少慢性压力和

抑郁症的发病率,其带来的效益可以达到总健康效益的一半。

国际能源署表示,如果将公共健康支出的减少考虑在内,那么"在高能效的情景中,提高能源效率改善室内空气质量,每年可以为欧盟财政节约2590亿美元"。在工业方面,国际能源署总结:"高能效带来生产力和运营效益的提升,可以最多达到节能效益的2.5倍(250%,这取决于不同投资项目的价值和内容)。"

这些结果与很多私营咨询公司的分析结果相一致。例如,国际咨询公司麦肯锡记录了雄心勃勃的能源效率战略对大幅降低气候行动成本的影响。2009年,他们发表了名为《释放美国经济的能源效率》的报告,这是迄今为止对于美国能源效率机遇最全面的分析。麦肯锡总结,如果住宅、商业和工业部门能够在接下来的"10年"里全面地提升能源效率,那么将会减少12亿吨的二氧化碳排放量,约为美国2005年二氧化碳排放量的17%。麦肯锡对"报告的核心结论"解释如下:

能源效率为美国经济提供了大规模、低成本的能源来源——但前提是美国必须能够制定出全面创新的方法，用于释放这些能源效率。为了刺激对能源效率的需求，管理上亿栋建筑物和几十亿终端设备的能源效率，各个层面仍有许多重大且持久的问题亟待解决。如果能够大规模地执行，那么全面采取节约举措的总能量的价值将超过 1.2 万亿美元，要远远超过能源效率措施的价值，截至 2020 年的前期，能源效率措施投资 5200 亿美元（不包括项目成本）。据估计，这一项目可以在 2020 年前减少 9100 万亿英热单位[①]的终端能源消费，约合项目需求的 23％，并且二氧化碳年减排量最多可以达到 11 亿吨。

近年来，美国积极采用能源效率，自 2007 年以来，美国的经济得以显著增长，而电力消费一直持平，总能源需求实际上下降了。

彭博新能源财经（Bloomberg New Energy Finance, BNEF）在其《2017 年美国可持续能源概况》中解释道：“美国经济增长与能源需求真正‘脱钩’了。”彭博新能源财经是追踪清

---

① 1 英热单位≈1055.06 焦耳。——译者注

洁能源革命的先锋公司之一，它解释道："自2007年以来，美国GDP增长了12％，而能源消费总量却下降了3.6％。"同样值得注意的是，能源消费与GDP增长之间的"脱钩"延伸到了电力部门：自2007年以来，电力需求一直保持平稳，而在1990年到2000年，电力需求则以每年2.4％的速度增长。

推动脱钩的一个关键因素是：两项关键的旨在提高能源效率的国家政策显著加强。首先是能源效率资源标准，该标准要求公用事业公司采取一定数量的能源效率措施。其次是新的法规，将公用事业公司的收入与其生产和销售的电力脱钩，这就消除了公用事业公司对能源效率投资的主要抑制因素，即提高效率将降低电力销量，而根据旧的法规，这将降低利润。

这些政策刺激了公用事业公司效率支出的快速增长。彭博新能源财经报告称，2015年电力公司在效率项目上的支出为63亿美元，几乎是2007年22亿美元的3倍。2015年天然气公用事业公司投入约14亿美元，是2007年的4倍多。与此同时，全球各地企业在能源效率措施方面的投资也达到了历史最高水平。

最后，美国联邦电器能源效率标准，如冰箱和照明设备，加上联邦政府对效率研发的投资,都有助于实现技术革命。具有超高效率的 LED 灯泡,就得益于研发和标准的制定。

正如美国高盛公司(简称"高盛")在 2016 年的一份名为《低碳经济》的报告中所描述的那样:"LED 在照明领域的迅速应用是人类历史上最快的技术变革之一。"仅从 2008 年以米,LED 灯泡价格就出现了显著下跌,跌幅超过 90%,你现在可以以低于 3 美元的价格购买一个等效 60 瓦的 LED 灯泡。2010 年,LED 灯泡占全球新灯泡市场的份额为 1%。到 2015 年,这一比例为 28%。目前,与白炽灯相比,最好的 LED 灯泡的用电量减少了 85%,与荧光灯相比减少了 40%。到 2020 年,高盛预计其将分别增加到 90% 和 50% 以上。同时,LED 灯泡的使用寿命是白炽灯的 50 倍,是荧光灯的 3～7 倍,同时还能提供更好的光源质量。

高盛预测,"到 2020 年,LED 灯泡将占全球灯泡销量的69%,占全球安装总数的 60% 以上。"高盛同时表示,LED 灯泡"正在按计划减少照明的耗电量,其耗电量或将减少 40% 以上"。到 2025 年,这将为美国消费者和企业每年节省 200 多亿美元。而这反过来又将使美国每年减少大约 1 亿吨的二氧化碳排放量。提高能源效率仍然是气候问题的核心解决方案。

核能是减缓气候变化的主要因素吗?

2015 年,国际能源署和经济合作与发展组织核能署(Nuclear Energy Agency,NEA)在报告中表示,"核电是发达国家低碳电力的最大来源",占总电力供应的 18%。报告中还表示,核电占全球总低碳电力供应的 11%,是第二大低碳电力来源。

核电站
Photo by Frédéric Paulussen on Unsplash

因为核能可以提供稳定的低碳全天候(基本负荷)电力,所以很多气候学家及各方人士要求各国政府重新审视核能政策。在美国,核电占电力供应的 20%。然而,近 20 年来,美国等市场经济国家几乎没有计划建造或正在建造核电厂,一是因为新建核电厂成本过高;二是放射性核废物的处置仍问题重重;三是一旦发生事故,后果将极为严重。

值得一提的是,日本福岛第一核电站事故使众多国家(包括日本和德国)重新审视其对核能的依赖性。2011 年 3 月 11 日,东京以北地区发生大地震,随即引发高达 43 英尺的海啸袭击了福岛第一核电站。海啸导致大量厂房设备失效或损坏,使得该核电站的 3 个机组部分熔毁。这起事故还导致核燃料池水位过低,甚至核燃料棒暴露在空气中的严重问题。2014 年,日本的大学教授通过计算得出,这起事故"将造成 11.08 万亿日元(约 1050 亿美元)的经济损失,是 2011 年底日本官方预估的 2 倍"。这其中包括了清理核辐射的支出和对受害者的赔偿。

近几十年来,新建核反应堆的成本持续上涨,现今已经极其高昂,每台约需要 100 亿美元。新建反应堆成本高昂的重要原因是,它们必须拥有应对严重事故的能力,包括重大自然灾害和人为失误。假设灾害袭来,其可能的后果包括威胁成千上万人的安全,大面积土地的长期污染,以及 1000 亿美元的经济损失,因此,即使是几乎不可能发生的灾害,我们也要将其考虑在内,并减少其影响。

在福岛第一核电站事故发生以后,原本起步缓慢的全球核电装机容量发展趋势愈加放缓。2014 年仅有 3 座核电站开建,仅有 5 吉瓦的核电装机容量并入电网。2015 年,国际能源署和经济合作与发展组织核能署在名为《技术路线图:核能》的报告中解释了达到 2 ℃情景目标所需的并网水平:"为了使核能发展达到 2 ℃情景中的部署目标,在未来 10 年中,并网装机容量的增速应从 2014 年的每年 5 吉瓦提高到 20 吉瓦。"20 世纪 80 年代,核电建设速度曾一度达到每年 20 吉瓦,除此之外再没有哪一个时间段内核电建设速度达到目标要求。然而,在后福岛时代实现这一目标可谓困难重重。国际能源署和经济合作与发展组织核能署表示:"只有采取一系列的措施才能够保证核电如此高速地增长,包括承建厂商必须证明其有实力按照预算及时地建好核电站,并有能力削减新设计的成本。"如果可以满足这些条件,那么新建核电站将会额外给 2 ℃情景提供 5%~10% 的无碳电力。

截至 2017 年,天然气成本较低,可再生能源和能源效率的成本不断下降,造成了美国一半以上的现有核电站不再盈利的局面。彭博新能源财经在 2017 年 6 月的一份分析报告中估计,美国 61 家核电站中,有 34 家"正在流失现金,每年亏损约 29 亿美元"。如果大多数现有的核电站已经变得无利可图,那么几乎没有新的核电站在建就不足为奇了。

就中期而言,美国能源部已经开始研发小型模块化反应堆,预计它可以在 2030 年以后开始帮助增加产电量。当前在建小型模块化反应堆的单座成本为 30 亿美元至 50 亿美元。在理想情况下,小型反应堆的安全性能要比大型反应堆更好。然而,因为它们体积较小,生产的电力也相对较少,所以其提供每千瓦时电力的成本究竟比当前的核电站低多少,我们还不得而知。

长期来看,如果核电在 21 世纪中期以后仍是主要的能源来源,我们必须合理解决核反应堆过度用水的问题。到那时,地球上很大一部分栖息地都将严重干旱。通常,一座核反应堆每天会消耗 3500 万升至 6500 万升水。美国佐治亚州的 2 座核反应堆每日耗水量超过了亚特兰大市、奥古斯塔市和萨凡纳市居民用水量的总和。

天然气在实现"2 ℃目标"中起到什么作用?

天然气在为全球经济提供动力和供暖方面占有重要地位。天然气是目前碳含量最低的化石能源,同时它也比煤和汽油等燃料燃烧效率更高,所以今后几十年内天然气都很可能是一种重要能源。然而,根据政府间气候变化专门委员会和国际能源署的研究,要实现将增温控制在 2 ℃以内的目标,天然气用量像煤和石油一样要在近期达到峰值,随后迅速下降,到 21 世纪末用量接近于零。

如果天然气想在全球能源经济中发挥更大的作用,需要面对两个问题。第一,天然气是一种碳氢化合物,它的使用会增加空气中的二氧化碳。虽然使用天然气发电会比使用煤发电少排放大约50%的二氧化碳,但如果天然气替代了新的或现有的核能、可再生能源,则仍意味着增加了二氧化碳的排放。

2013 年斯坦福大学能源模拟论坛发布了一份报告,公布了十几个专业研究团队所做的经济模型模拟的结果。结果表明,使用储量更丰富、价格更便宜的页岩气(使用水力压裂技术提取)对美国温室气体排放总量的变化影响不大(模拟从当前直到 2050 年的情况,对比使用大量页岩气和少量页岩气的情形)。为何如此? 因为随着时间的推移,特别是到 2020 年以后,"与使用少量页岩气的情形相反,在新电厂,天然气将开始逐渐代替可能使用的核能和可再生能源"。由于页岩气开采成本低廉,这会延缓能源使用向更加高效的方式转变。2014 年的一篇研究文章《天然气对美国可再生能源和二氧化碳排放的影响》中确认:"在发电中更多使用天然气并不会显著减少美国的温室气体排放。但因为它会减慢新能源技术投入使用的进程,所以长远来看,它反而可能加重气候变化问题。"

第二个问题是,天然气的主要成分是甲烷,而甲烷是一种非常强的温室气体,它在 20 年中捕获的热量是等量二氧化碳的 86 倍。所以即使是在天然气开采和运输过程中出现很少的泄漏,都会对气候变化产生难以忽视的短期影响,甚至可以抵消天然气代替煤所带来的气候收益。天然气的开采和运输过程中的具体泄漏量还难以确定,但很多研究表明它足以抵消天然气相比于煤的优势。例如,2014 年一篇发表在《科学》杂志上的研究文章《北美天然气生产运输系统中的甲烷泄漏问题》表明,在查阅和分析了超过 200 篇文献之后,研究者认为天然气的泄漏率大概有 5.4%。这样的泄漏率在未来 50 年内都会抵消天然气替代煤带来的气候收益,甚至会使温室效应变得更严重。在前面那篇研究文章发表后不久,另外一篇研究文章宣称卫星观测到在主要的汽油和天然气产区——得克萨斯州东部和北达科他州有大量甲烷泄漏。这篇研究文章总结道:"以这样的甲烷泄漏率,使用甲烷代替传统能源几乎不可能产生任何气候收益。"

甲烷泄漏的问题目前还不能得到解决,但如果政府出台严格的管制措施,可能促使天然气行业将泄漏率控制在可接受的水平。到目前为止我们还不能断言,要达到增温 2 ℃以内的目标,天然气使用量的增长还能持续多久。正如上文所提到的,天然气不仅替代了煤,还替代了众多无碳能源,因而即便不考虑泄漏问题,我们也不能确定我们能否从大量投资天然气基础设施中获得任何气候收益。

2011 年国际能源署发布的《世界能源展望 2011》中写道:"如果在 2017 年前不采取进一步措施,能源产业在 2035 年前的二氧化碳排放量就可以达到 450 情景。"正如前面讨论过的,这意味着我们不能再新建很多以化石燃料作为能源的设施,新建的设施需要实现零碳排放。在国际能源署 2012 年发布的《能源技术发展前景报告》中,其另一项主要研究发现,在增温

2 ℃情景下，留给我们的发展空间已经不多了："到 2025 年，天然气发电的碳排放强度将高于全球发电行业的平均碳排放强度，因而如果要达成应对气候变化的政策目标，我们需要慎重考虑是否要继续给予天然气基础设施建设大量的投资。"到2030 年，天然气要逐渐成为可再生能源的配角，"在增温 2 ℃情景下，到 2030 年以后，二氧化碳的排放量逐渐减少，天然气发电慢慢成为可再生能源的补充，在可再生能源使用不够方便的地区或者用电高峰期可推广使用"。

政府间气候变化专门委员会 2014 年关于减排策略的总结报告中也持有相似的观点，其中就包含天然气和可再生能源方面的内容。他们发现："在绝大多数低稳定性的情景中，低碳能源的比例从现在的接近 30%，到 2050 年增长到超过 80%。"未来 35 年内，这种接近零碳能源的快速增长使得我们不能再新建很多化石燃料基础设施。报告中还提到："如果天然气的开采和运输过程中的泄漏可以显著减少，它可以作为能源结构向低碳转变的短期过渡能源。"虽然目前在天然气的开采和运输过程中的泄漏问题比较严重，我们也不能确定以后泄漏是否可以显著减少，但如果政府和业界想要大规模使用天然气，减少泄漏是必须要做的工作。

太阳能在避免危险的气候变化中能发挥多大作用？

太阳光的能量可以用来生产电力，我们称之为太阳能。国际能源署在 2014 年发布的两份报告中称："到 2050 年，太阳能会成为世界上最主要的能源，超过化石燃料、风能、水能和核能。"现在主要有两种太阳能发电方式：一种是光伏发电（PV），即直接将太阳光转化成电；另一种是太阳热发电，即将太阳光汇聚，利用汇聚产生的高温发电。近些年光伏发电的市场占有率远远超过了太阳热发电，因为前者成本低廉且能满足更多用户的需求。这种趋势在未来一二十年内还会持续。光伏发电有望与风电一同成为未来半个世纪低碳经济的支柱。但也有研究认为，在 2030 年后太阳热发电的规模有可能超过光伏发电。前面提到的国际能源署发布的《技术路线图：核能》预测，到 21 世纪中叶，光伏发电和太阳热发电的发电量之和会占到全世界总发电量的 27%。

有一些材料在受到光照射后会产生电流，这就是光伏效应。第一块光伏电池出现在 1839 年，但直到 1954 年美国贝尔实验室才用半导体材料硅制造了第一块太阳能电池。发明之初,太阳能电池既昂贵又低效,因而只用于空间站这种不适合使用传统能源的地方。随着半导体技术的飞速发展,太阳能电池的性能不断提高,同时成本不断下降,终于具备了一定的市场竞争力。

1977 年到 2013 年间,太阳能光伏电池的价格下降了99%,此后还在不断下降。仅从 2008 年至 2015 年,它的价格就下降了 80%。仅在 2016 年,全球太阳能发电的成本就平均下降了 17%。在世界各地越来越多的市场中,现场太阳能发电所供应电力的成本现在已经达到或非常接近于电网的电力成本,而且比任何其他形式的新型电力生产都便宜。2016 年 8月,彭博新能源财经主席迈克尔 · 利布莱克(Michael Liebreich)在推特上谈到智利新太阳能的拍卖价格时表示:"太阳能通过任何技术随时随地提供最便宜的无补贴电力。"价格低至 3 美分/(千瓦 · 时),这也是迪拜、摩洛哥和墨西哥等其他国家的电力价格。2017 年 10 月,沙特阿拉伯收到的关于其 300兆瓦塞卡凯(Sakaka)太阳能项目的 8 份投标中,有 7 份低于 3美分/(千瓦 · 时),最低出价为 1.79 美分/(千瓦 · 时)。然而,与此同时,美国平均住宅电价为 12 美分/(千瓦 · 时)。

结果,太阳能光伏发电能力和销售量在美国都增长迅猛。

在过去的 10 年里，美国每年安装的太阳能设备增加 100 倍。自 2000 年以来，全球太阳能装机容量翻了 7 倍，达到 300 吉瓦左右。2013 年斯坦福大学发布的一份报告指出："如果照此势头增长，到 2020 年太阳能光伏发电的发电量将占到全球总发电量的 10%。"中国、欧洲各国，以及其他国家已经做出了承诺，扩大可再生能源的使用规模、减少碳排放，这使得价格下降和快速增长很有可能持续下去。2017 年 6 月，彭博新能源财经预计，从 2017 年到 2040 年，仅太阳能领域的全球投资就将达到 2.8 万亿美元。他们在《2017 年新能源展望》年度报告中进一步预测，即使经过几十年的可再生能源价格暴跌，到 2040 年太阳能发电成本仍将再下降 2/3。到 2023 年，太阳能光伏发电将与美国新建的天然气工厂竞争，到 2028 年，它将超过现有的天然气发电。

从二氧化碳减排的角度来说，太阳能光伏发电系统的能源强度也在稳步减小。斯坦福大学的研究发现："如果太阳能光伏发电系统的能源强度照目前的速度继续下降，到 2020 年以后，全球每年仅需消耗不高于 2% 的发电量制造新的太阳能光伏发电设备，而已有的太阳能光伏发电设备可以提供全球 10% 的电量。这表明在未来几十年内太阳能将是一种可持续的低碳能源。"

讽刺的是,斯坦福大学的一位作者说道:"目前德国装配的太阳能光伏发电系统约占全球的 40%,但实际上德国的阳光并不算非常充足。从系统设计者的角度出发,应该在阳光更充足的地方安装更多这样的系统。"德国大力投资安装太阳能光伏发电系统,全球都因此受益,因为德国此举大大降低了太阳能光伏发电系统的成本。而在光照时间更长的地方,比如中东地区和美国西南地区,太阳能光伏发电系统的性价比会更高,但在这些地方并没有装配很多太阳能光伏电池。所以我们有理由相信太阳能光伏发电量在未来还有很大的快速增长空间。

太阳热发电的原理是,利用镜面汇聚太阳光加热液体,推动发电机转动产生电能。世界上第一台商用太阳热发电机诞生于 1913 年的埃及,是一座使用了抛物面反光镜的太阳热发电抽水站,装机容量 55 千瓦。其中的两个基本设计一直沿用至今,一个是将太阳光聚焦反射到聚热管上的反射镜;另一个是发电塔,它用很多块可以在两个方向上移动的镜子将光线汇聚到一个处于中心位置的容纳发电机的高塔上。太阳热发电的最主要特征是,它最初产生的是热能,热能的储存成本是电能的 1/100~1/20,而且更有效率。已经有商业项目中使用太阳热加热油或者熔盐,通过这两种方式可以将热量储存数小时。

美国国家可再生能源实验室和国际能源署都表示,在太阳能光伏发电技术大幅推向电力市场之后,太阳热发电的前景会更加广阔。这是因为,当前的太阳能光伏发电系统在最宝贵的时间段——白天用电高峰时生产电能,特别是在夏天人们都开始使用空调这一"耗电大户"时更是如此。但是,一旦光伏发电量占到一个地区年用电量的 10％～15％ 之后,再安装新的光伏发电设备就变得没那么有价值了。国际能源署预计在那种情形下(大约 2030 年会出现)"得益于太阳热发电机的内置热存储器,大规模建设太阳热发电装置的价值就会显现出来,因为它可以在下午晚些时候和晚间发电,这是对于太阳能光伏发电很好的补充"。

国际能源署 2014 年的《技术路线图:太阳能光伏》中预计,如果能采取正确的政策并且可以保证一直持续优化技术,那么到 2050 年,太阳能光伏发电的发电量可以占到全世界总发电量的 16％,而太阳热发电占到总发电量的 11％。"如果真的如我们预计的那样,到 2050 年,这两项技术总计可以使全球每年减排 60 亿吨二氧化碳,这个数字超过了目前全美国能源相关的二氧化碳总排放量,或者相当于全球运输业的直接排放总量。"

自 2014 年以来,太阳能光伏发电电价的大幅下跌减缓了太阳热发电的增长。截至 2016 年底,太阳热发电总装机容量仅为 4800 兆瓦左右。不过,中国已宣布了未来 5 年内约 10000 兆瓦的太阳热发电建造计划,因此在可预见的未来,太阳热发电电价可能会继续下跌。

风能在避免危险的气候变化中能发挥多少作用?

风力发电的原理是利用风吹动发电机叶片来发电。叶片的转动可以直接带动齿轮的转动,从而可以用来做很多事,比如磨碎谷物或带动汽轮发电机发电。就每年新增发电量而言,风能是发展最迅速的新型可再生能源。截至 2016 年底,全球风力发电装机总容量达到了 497 吉瓦,其中一半是在过去 5 年里完成的。国际能源署在 2013 年《技术路线图:风能》中写道:"在一些国家中,风力发电量已经占到了全国总发电量的 15%~30%。"随着技术的不断进步,国际能源署预计,到 2050 年风力发电量将占到全球总发电量的 18%。

2000 多年以前,生活在中东地区的人就用原始的风车来磨碎谷物。在中国,风车被用来抽水。11 世纪风车传入欧洲,到了 18 世纪,仅仅在荷兰就有超过 1 万架风车。风车最终被蒸汽机所取代,因为相比风车,蒸汽机更经济、可靠。20 世纪 70 年代,因为能源危机使得化石燃料的价格猛涨,风力发电又开始复兴。近几十年来,得益于叶片空气动力学设计的发展,以及其他技术的不断进步,风力发电机的成本每年下降 10%。叶片可以有效捕获各个方向的、从较低到较高风速的风能,所

风车
Photo by Jongsun Lee on Unsplash

以风力发电机不用为了节约成本而必须安置在风力充足的地区使用。

这些技术上的进步使得风力发电量每年平均增加超过20%。这使风力发电产生了规模效应,同时更大的叶片和更先进的控制系统使发电成本不断下降。从2009年到2015年,风力发电的成本下降了40%以上。2016年1月,摩洛哥签署了3美分/(千瓦·时)的陆上风力发电合同。2015年12月,丹麦签署了5.3美分/(千瓦·时)的海上风力发电合同。仅在2016年,陆上风力发电的平均成本就下降了18%,而海上风力发电的平均成本下降幅度高达28%。正如国际能源署在其报告中所提到的那样:"随着技术的不断进步,陆上风力发电设备的建造成本不断下降。在很多风力资源丰富的国家,风力发电场能够自给自足,无需政府或其他机构特别的资金支持。"

根据2014年丹麦政府的统计分析,风力发电是最便宜的发电方式,丹麦能源署预计2016年风力发电成本会达到5.4美分/(千瓦·时),这个价格仅仅是煤或天然气发电价格的一半。2015年,丹麦2/5以上的电力来自风力发电,而丹麦的2个地区的发电量通常比电力消费量要多。2017年2月22日,丹麦的风电场产生了足够的电力来维持整个国家的运转。

彭博新能源财经在其《2017 年新能源展望》中预计,到 2040 年,全球对风力发电的投资总额将达到 3.3 万亿美元,陆上风力发电成本将削减近一半,海上风力发电成本将显著下降 71%。海上风力发电的电价下跌如此之快,以至于在 2017 年 4 月,全球最大的近海风电场供应商丹麦东能源在无需任何补贴的情况下在德国的一次电力拍卖中胜出。

海上风力有两个特别吸引人的特点:首先,它靠近许多人居住的地方,这些人支付高昂的电费,但其他可再生资源往往是有限的。例如,大约一半的美国人口居住在沿海地区。其次,离岸风通常比陆地上的风更强、更稳定,这使得它们更适合为电网供电。新的海上风力机已经能够在一半的时间里全功率运行(装机容量利用系数为 50%),随着它们的技术越来越高,效率也越来越高,容量利用系数可以达到 60% 甚至更高。

2014 年,斯坦福大学做了一个关于风力发电的投资回报率的研究,发现风力发电在过去几十年内都有盈余。这也就是说,风力发电的发电量远远超过建造风电站消耗的电力。目前为止,超过 90% 的陆上风电站生产的电力已经供给公众使用。未来,风力发电可以继续保持快速增长的势头,并且保持很低的碳排放量。

什么是碳捕集与封存(亦称碳固存)？ 它的作用是什么？

化石燃料燃烧会向大气中释放二氧化碳,二氧化碳增加正是近几十年全球变暖的主要原因。总的来说,减少二氧化碳排放的对策主要是减少化石燃料的使用,一方面使用低碳能源(如太阳能或核能)替代化石燃料,另一方面提高燃料的利用效率(如使用节能灯或节能汽车)。碳捕集与封存(亦称碳固存)是我们梦寐以求的一种技术,有了它,我们可以继续使用化石燃料(特别是煤)。可惜的是,碳捕集与封存技术研究的进展远比预期缓慢,在 2020 年前都不会对减少大气中的碳污染起到重要作用。

为了确保化石燃料在燃烧过程中不向大气释放二氧化碳,燃煤(未来可能是燃气)发电厂产生的二氧化碳必须被捕集和永久封存。碳捕集与封存可以在化石燃料燃烧前进行,也可以在化石燃料燃烧后进行。很显然,在化石燃料燃烧之前做这一步更加简单和廉价,因为燃料燃烧之后,二氧化碳会弥散到空气中,使得碳捕集与封存过程变得非常困难和昂贵。

另一方面,煤也可以被气化,制作成"合成气",在此过程中经过化学方法加工可以生成一种富含氢元素的气体和高浓度的二氧化碳气体。前者可用于高效率的"煤气化联合循环"发电厂燃烧发电,后者可以直接通过管道排入储碳站被封存起来。这种采用整体煤气化联合循环发电系统并配合地下永久储碳站的发电厂比普通火电厂造价要高很多。2009 年,哈佛大学贝尔弗科学与国际事务中心(Belfer Center for Science and International Affairs)发布了一份题为《碳捕集与封存技术的实际成本》的重要报告。报告称"第一座全新的碳捕集与封存发电厂进行碳减排的成本是每吨二氧化碳 150 美元",这其中并不包含运输和储存的费用。这使得"如果以 2008 年的情况来计算,使用了碳捕集与封存技术的发电厂生产的电要比传统火电厂生产的电每度贵大约 10 美分"。如此一来,每度电的成本几乎等于新建的火电厂每度电的成本的 2 倍。2003 年美国国家煤炭委员会(National Coal Council)提到了一个阻碍整体煤气化联合循环发电技术推广的主要问题:"发电厂没有采用这项技术的经济动力,也许只有在二氧化碳排放被严格限制的情况下,整体煤气化联合循环发电技术才会有市场竞争力。"

我们更应该把现有的成千上万座火电厂排放的由废气和烟道气二次燃烧所产生的碳封存起来，而不是只考虑在新建的火电厂安装碳捕集与封存设备。但这种需要从空气中捕集二氧化碳的技术在目前来看距离大规模商用更加遥远。美国能源部 2008 年发布的一份报告指出：

> 现有的二氧化碳捕集技术用在大型发电厂会非常不划算。有经济学研究指出安装整体煤气化联合循环发电设备会增加 30％的发电成本，而改造现有的煤炭粉碎装置则会增加 80％的发电成本。除此之外，二氧化碳捕集技术会使发电厂的净发电量大幅减少（通常指附加损失），因为发电量的 20％～30％要用来捕集和压缩二氧化碳。

鉴于现有的碳捕集与封存技术太过昂贵，碳捕集与封存技术要更快投入商用需要满足以下几个条件：

(1) 二氧化碳价格上涨，使碳捕集与封存技术有利可图；

(2) 政府给予大规模补助；

(3) 私人机构的高额投资；

（4）以上三点的任意组合。

目前碳捕集与封存技术的使用在新建电厂和已有电厂上都进展缓慢，也许有以下几个原因：①政府没有出台政策收取碳排放费或缺少给予碳捕集与封存技术不间断的补助；②私人机构对碳捕集与封存技术兴致索然，不进行投资。

碳捕集与封存技术的进展到底有多么缓慢？2013年10月，《纽约时报》用新闻头条标题总结了碳捕集与封存技术的现状——《研究发现碳捕集与封存计划受挫》。文章指出："无论在美国还是世界其他地方，碳捕集与封存技术未被证实适合商用。"西弗吉尼亚州的一座燃煤发电厂是碳捕集与封存技术的一个重要示范基地，但它却在2011年关闭了，原因是："它无法将封存的二氧化碳售出，从消费者那里也不能获得额外收入来补偿碳捕集与封存带来的开支。此外，碳捕集与封存设备能耗非常大，当它满负荷工作时电厂的净发电量会明显减少。"

2013年全球碳捕集与封存研究所（Global CCS Institute）发布了一份题为《全球碳捕集与封存技术现状》的调查报告，报告指出："虽然碳捕集与封存技术在不断发展，但根据碳捕集与封存技术的实际使用情况和发展速度，它还远不能为全球碳减

排和气候变化做出实质性贡献。"全球碳捕集与封存研究所
2014 年发布的调查报告中指出,碳捕集与封存技术还在持续
发展,但也指出:"关于大规模的碳捕集与封存技术,政策制定
者需要更多地关注这两个问题,其一是(中国以外的)非经济合
作与发展组织成员的国家缺少碳捕集与封存技术的发展规划;
其二是在水泥、钢铁和化工等高碳密集型产业,碳捕集与封存
技术缺乏进展。"挪威国家石油公司(Statoil)是仅有的几个使
用了碳捕集与封存技术的公司之一,它们对天然气进行了碳捕
集与封存处理,并把碳储存在地下(原来的天然气田或者油井
中)。该公司的副总裁在 2014 年底说:"目前碳捕集与封存技
术的成本还是太高了,我们需要与政府或者私人机构合作来分
担成本和风险。"

2017 年 6 月,密西西比州监管机构叫停了美国一个比较
大的碳捕集与封存项目,此前该项目耗资数十亿美元,试图使
其发挥作用,但以失败告终。密西西比州公共服务委员会通过
了一项动议,要求其律师起草一项命令,提供"消除由未经证实
的技术导致的纳税人风险"的解决方案,并且"只允许在肯珀
(Kemper)项目所在地运营天然气设施"。同月,美国最大的私
有煤矿公司默里能源(Murray Energy)的首席执行官罗伯

特·默里(Robert Murray)表示:"碳捕集与封存并没有起到作用,它只是所谓的'无煤化'的化名。"同时,他还补充道:"碳捕集与封存不仅无用,也不经济。"

现在的一个主要问题是尽管碳捕集与封存的大规模商用进展缓慢,但是为了解决气候变化问题,我们又需要大量实施碳捕集与封存。加拿大曼尼托巴大学特聘教授瓦茨拉夫·斯米尔(Vaclav Smil)写了一篇题为《能源走到了十字路口》的文章,其中他描述了这个"巨大而严重的挑战":

> 仅把全球大气中 1/10 的二氧化碳(不到 30 亿吨)封存起来,每年需要封存的压缩二氧化碳的体积就高于,或(经过更强压缩)相当于全球每年开采原油的体积,而原油开采的基础设施已经陆续建设了超过一个世纪。所以,毋庸赘言,这项工程很难在一代人的时间内完成。

碳捕集与封存还面临其他许多问题。比如,泄漏问题。即使地下被封存的碳每年的泄漏率很小,如低于 1%,这项工程也会使其作为"永久储存库"的意义大幅度削减。除此之外,杜克大学的一项研究发现:"人工封存于地下的碳的泄漏会污染饮用水源,使水中的污染物增加 10 倍或更多。"什么样的污染物会污染饮用水源? 研究报告中提到:"铀和钡的浓度在一些实验中皆有所上升。"这个潜在的风险还不至于让我们完全抛弃碳捕集与封存技术,但会大大限制碳捕集与封存的使用范围。选择在地下何处储存碳时,不仅要考虑到地质结构,还要距离人口众多的水源地足够远。

公众对于碳捕集与封存的疑虑同样是一个不容忽视的问题。因为公众担心碳泄漏,不论多或少,在世界范围内很多碳捕集与封存计划不得不终止。中等程度的碳泄漏会威胁水源,大型的碳泄漏将是致命的,因为高浓度二氧化碳会让人窒息。2008 年《商业周刊》的一篇报道中指出:

> 曾经在 2005 年前担任美国能源部碳捕集与封存工作组负责人,今年年初担任顾问的科特·M.怀特(Curt M. White)说:"一座大型煤炭发电厂在 60 年的使用周期中可以产生大约 30 亿桶(每桶大约 159 升)二氧化碳。储存它们需要的空间相当于一个大型

的油田。储存在地下的二氧化碳可能会泄漏,而将二氧化碳储存在地下产生的压强变化可能会造成地震。如此大规模地将碳储存于地下需要格外小心。"

随着水力压裂开采天然气技术在美国的广泛使用,人们越来越担心甲烷和其他有潜在危险性的气体的泄漏问题。有越来越多的研究将水力压裂与地震联系在了一起。在回注井中,这种联系尤为明显,工人们会向回注井中注入几百万加仑的废水用来压裂岩层,从而将岩缝中的天然气开采出来,这与碳捕集与封存的过程如出一辙。2012 年斯坦福大学的研究报告总结:

我们认为向大陆内部常见的脆性岩石缝中注入大量的二氧化碳很有可能会引发地震,而小型到中型的地震就会威胁二氧化碳的存储空间的稳定性。因而大规模的碳捕集与封存是相当危险和不切实际的,并不能作为一个减少温室气体排放的主要方式。

因为担心被封存的碳会泄漏,德国北部一个由瑞典的瓦腾福(Vattenfall)公司建设的集碳捕集、运输和封存于一体的工厂被迫关闭。这个工厂 2008 年开始运行。2009 年,德国政府本打算通过立法来保证地下储存碳的可靠性。但是这项法律最终没有通过。瓦腾福公司没有获得将碳埋存于地下的许可。2009 年 7 月,瓦腾福公司只能把所有二氧化碳都排放到空气中,而这一切正是因为当地人民不想让二氧化碳埋存在地下。2014 年 5 月,该公司宣布终止所有碳捕集与封存项目。

碳捕集与封存技术距离在 21 世纪 30 年代成为解决气候变化的主要方案还有很长的一段路要走。如果要在 2050 年实现用碳捕集与封存技术减少大气中 10% 的二氧化碳,政府和个人都还需要付出非常多的努力。

什么是生物质能源? 它对减少二氧化碳排放有什么作用?

自从人类学会使用火以来,就一直使用生物质来做饭和取暖。在一些偏远地区,薪柴依然是做饭和取暖的主要能源。很多公司使用了成本低廉的生物质废物流来发电。截至 2017 年,生物质发电在电力行业中只占非常小的比重,而且发展缓慢,特别是与风能和太阳能相比。然而,在一些国家,尤其是美国和巴西,生物燃料(如玉米乙醇)已经成为重要的交通运输燃料,而且增长迅猛。现在最常用的生物燃料的主要原料是食用作物,下文将讨论生物燃料到底会增加还是减少碳排放。

生物质能源的未来很大程度上取决于生物质能源的实用性。从转化利用太阳能的效率方面来讲,生物质是一种效率很低的能源。例如,有研究表明美国艾奥瓦州的玉米乙醇只把照射到它上面的太阳辐射能量的0.3%转化成了糖类,将玉米变成玉米乙醇只保留了太阳辐射能量的0.15%。此外,生物质的长途运输需要消耗很多的能量,也很昂贵。最后,内燃机是一种能量利用效率很低的发动机。综合以上几点,所有低效和能量损失意味着作为汽车能源的低碳生物质燃料,需要通过一大片土地来种植生产,特别是与作为电动汽车的能源的太阳能发电和风力发电相比。目前已经有相当多的土地用来种植生物质能源的原料作物,比如用来生产玉米乙醇的玉米和用来生产棕榈油的棕榈。然而如果增暖2℃的阈值很快达到,那么温度会上升,海平面会升高,海洋会酸化,黑色风暴化会更加严重。2050年,全球约有100亿人口,届时,除了用于种植粮食作物养活这些人口的耕地外,将没有额外的耕地种植生物质能源作物,除非新一代生物质能源技术出现飞跃式发展。

现有的以农作物作为原料的生物质燃料,不太适合作为减少碳排放的主要方法。包括菜籽油和棕榈油在内的很多生物质燃料,其制造、运输和使用的全流程中释放的总温室气体排放量甚至比石油燃料更高。在印度尼西亚,为种植棕榈而焚烧森林已经变成了温室气体的主要排放源之一。

玉米乙醇是在美国使用最广泛的生物质燃料,它被各种科学文献批评直接或间接地占用了大量土地,因而其造成的温室气体排放量并不少于它替代的汽油。2015 年 4 月发表在《环境研究快报》上的文章《美国农田扩大的速度超过农业和生物质燃料政策的规划》是第一篇对 2008 年至 2012 年美国土地利用变化情况进行综合分析研究的文章。威斯康星大学麦迪逊分校的研究人员"跟踪研究了 2008 年至 2012 年间美国的各种作物的种植面积变化过程,以及由农田转变为其他用地和其他用地转变为农田的土地的种类、大小和位置。他们发现这几年间"农作物的种植面积增加了 700 万英亩",农田替代了"数百万英亩的草地"。超过一半的新增农田用来种植大豆和玉米(这两种都是生物质燃料的主要原料),以达到美国政府制定的到 2010 年生物质燃料产量必须达到每年 120 亿加仑(约 450

亿升）的目标。

这样做会对气候产生什么影响？威斯康星大学麦迪逊分校的研究人员总结道："仅仅把草地转变成大豆和玉米田一项，增加的二氧化碳排放量就相当于 34 座煤炭发电厂一年的二氧化碳排放量，或者 2800 万辆汽车一年的排放量。"玉米乙醇是否能为气候带来有利影响尚不清楚。

有一种以农作物作为原料的生物质燃料对气候有明显的好处，那就是甘蔗乙醇。蔗糖的原材料——甘蔗主要生长于热带。巴西是甘蔗乙醇的主要生产国。2010 年，美国环境保护署的研究表明甘蔗乙醇相比汽油可以减少 61% 的温室气体排放量。每英亩甘蔗产出的乙醇是玉米的 2 倍。而且利用甘蔗制造甘蔗乙醇产生的甘蔗渣也可以用来发电。甘蔗可以在地面以上和土壤中储存大量的碳。此外，甘蔗每 6 年才需要重新种植一次，这意味着耕作时间更少，同时也能把更多的碳保留在土壤中。

用农作物作为原料的生物质燃料有一个明显的问题：它会占用耕地。现在全球有约 8 亿人生活在饥饿之中。未来的几十年内地球的人口还会增加至少 30 亿，他们都需要食物和饮用水。而现在,风沙已经使得近 1/3 的耕地变为近乎永久干旱的黑色风暴带。此外,海平面上升和海洋酸化也会进一步对农业和粮食生产造成负面影响。

以上原因促使科学家开始研究新一代生物质燃料。所谓的纤维素乙醇并不是仅仅由植物的淀粉食用部分制成,而是将整棵植物作为原料,包括我们不食用的部分。理论上,它的原料可以是林业和农业废料(玉米芯、秸秆、麦麸等),也可以是能源作物,比如牧草或柳枝稷。经过几十年的研究,在 2014 年,美国市场上终于出现了 3 种纤维素乙醇。但是,到目前为止,我们还不知道是不是所有的纤维素乙醇(例如玉米非食用部分生产的)都可以减少碳排放。

如果我们能将增温控制在 2 ℃以内,而且生物质燃料技术也能不断发展,我们有理由相信生物质燃料会对减排做出很大的贡献。2011 年国际能源署发布的报告《技术路线图:用于交通运输的生物质燃料》指出:"生物质燃料目前只占交通运输能源的 2%。"他们做出的最乐观的估计是,"到 2050 年,27% 的交通运输燃料是生物质燃料,生物质燃料逐渐代替柴油、煤油和航空煤油"。如果私家车大部分都变成了电动汽车,那么生物质燃料可以用在航空和货运上。

2012 年国际能源署的报告《技术路线图:用于供热和发电的生物质能源》中给出的最乐观的估计是:"到 2050 年,全世界 7.5％的电能由生物质燃料发电提供,这个比例在工业加热中达到 15％,在建筑供暖中达到 20％。"这样会减少 20 亿吨的二氧化碳排放,"但必须保证生物质能源的生产是高效且可持续的,同时在生产运输过程中只排放很少的二氧化碳"。如果碳捕集与封存技术在未来得以大规模使用,将碳捕集与封存技术与可持续的低碳生物质能源配合使用就可以显著减少空气中的二氧化碳总量。被封存的碳将被永久地储存在地下。

国际能源署表示,如果要在 2050 年达到生物质燃料和生物质发电与供热的最好情况,则需要 80 亿吨到 10 亿吨生物质作为原料。他们指出:"研究认为这些原料可以以一种可持续的方式获得,主要是来自废料、残渣和燃料作物的种植。"农作物生物质能源在其中并不占很大的比例。

如果我们不能将增温控制在 2 ℃以内,未来用于生物质能源生产的生物质供应原料可能会非常有限。在气候变暖后的地球上,绝大多数的可利用土地会用来种植食用作物。与美国不同的是,其他大多数国家没有大量过剩的耕地,所以即使是适度的黑色风暴化、海平面上升和海洋酸化也会让土地紧张的问题更加严峻。因而我们急需新一代的消耗很少土地和水源的生物质燃料,这样低碳生物质能源和生物质燃料才能为避免危险的气候变化做出重要贡献。

其他哪些无碳能源可以减少温室气体排放?

在未来数十年,基于 2 ℃阈值的排放路径,需要我们必须采用无碳能源来代替大量的化石燃料。因此,政府和私营企业将来应当寻找并利用一切低碳能源的可能形式。而那些今天尚未商业化或者即将商业化的技术似乎不会在替代化石燃料方面起到很大的作用。尤其值得关注的是一大批可用于低碳发电的能源。

世界范围内主要的可再生能源是水力发电,尤其是水电站。水力发电提供了世界上超过 16％的电能,超过了核能的贡献。2012 年国际能源署的报告《技术路线图:水力发电》指出:"从 2005 年起,新的水力发电增容所产生的电能是其他所有新能源的总和。"截至 2017 年,情况依然如此,其中,2016 年新的水力发电所产生的电能绝大多数来自中国和巴西。国际能源署的报告设想全球水力发电装机容量和产电量在未来会翻番,其中大部分来源于发展中国家的大型水电项目(还有一部分来自现有的水电站,它们装配了更好的涡轮机,采用高投入产出比策略,重新投入运营)。由于全球对电力的需求在未来数十年很可能大幅度增长,即便水电能源产出翻番,也仅仅会使其在全球电力生产中的份额上升到接近20%。

地热能是另一种重要的可再生能源。地热发电有两种方式:大规模发电厂和小规模发电系统,例如热泵。大规模发电厂直接利用来自地底的热水蒸气带动涡轮机发电。地热提供相当比例的"总电力需求,在冰岛是25%,在萨尔瓦多是22%,在肯尼亚和菲律宾都分别占17%,而在哥斯达黎加占到13%"。全世界建造的地热装置的装机容量约11吉瓦,这在全球电能中只占了很小一部分。当然,正如一种新开采技术使得钻井工人可以事半功倍地获取非常规气体,而让天然气工业已然经历了一次复兴;类似地,地热部门也可能见证许多新资源的开发。到那个时候,显然,谁也不知道大规模地热能会不会成为低碳能源系统的主要组成部分(>5%)。政府间气候变化专门委员会估计这一贡献率可以达到4%。与之类似,2011年国际能源署的报告《技术路线图:地热和电力》预测,在统筹努力下,地热发电量可以在2050年达到全球发电量的3.5%。

截至 2017 年,地热能的增长速度仍远低于大多数其他形式的可再生能源。

小规模的地热系统利用地下热源对建筑物直接供热,并且也为其他工业过程提供支持。这类系统的全球总装机容量是 30 吉瓦,其中的一半应用了地源热泵来进行加热和冷却。一般来说,这些系统使用了铺设在地下好几百英尺深的管道。在那个位置,温度一整年相对恒定,而因为地下空间在冬天的时候比外部空气要温暖,对于加热建筑物而言,地热系统消耗的能量比传统系统的要少。因为地下空间在夏天的时候比外部空气要凉爽,对于冷却建筑物而言,地热系统依然只需要消耗较少的能量。因此,事实上对于所有的时间和气候条件而言,地源热泵都是十分高效的。地源热泵的前期投入很高,但是近年来,由于世界上各个地方大量应用地源热泵,其数目出现了稳定增长,成为应用中的加热冷却系统里最为高效的。国际能源署预估,2050 年,直接地热加热可以提供近 4% 的用于加热的能源需求。同样地,因为它是一种电力热泵,可以结合可再生电力,例如太阳能光伏电力,提供无碳加热和冷却,这样一种结合在增温 2 ℃ 的情景下可能有广泛的应用前景。

还有许多其他形式的低碳电力能源,尤其是一些利用了水的能源。其中包括从潮汐和波浪中获取能量,还有利用浅层暖水和深层冷水温差的海洋热能转化来产生电能。而今,它们是前途仍未可知的利基技术,但是就现在的情况来看,对于将未来增温稳定在 2 ℃左右所需的能量转化规模而言,这些技术显然还起不了什么作用。

半个世纪以来,核聚变一直是无碳能源一个长期的和热门的希望。虽然已经有了数十年的研究,但是通过可操作而且性价比高的方式在地球上改造太阳能资源,仍然是一个棘手的问题。我们至今尚不清楚是否真有那么一个廉价易行的方法。2012 年,《纽约时报》针对当前美国核聚变计划的高投入发表过社论文章,"假如把寻找一种可以替代化石燃料的新能源作为目标,那么我们有理由认为资金应当被投放到另一些可再生能源上,它们更为廉价而且能更快地投入使用"。不过从另一个角度来说,利用 9300 万英里外的核聚变能量(太阳能),好像是一个更好的投资项目。

我们如何减少交通运输领域的二氧化碳的排放?

任何气候政策都必须着重关注交通运输问题,因为它是二氧化碳的一个主要人为排放源。全球范围内,交通运输的二氧化碳排放量占所有与能源相关的二氧化碳排放量的 1/4,运输消耗的石油占全球总石油消耗量的一半。

交通运输的减排可能是在减排的各个方面中最具挑战性的一个领域。2014 年,美国交通运输与发展政策研究所 (Institute for Transportation and Development Policy) 发表的一篇论文的其中一位合著者指出,"交通运输排放被快速增长的汽车使用量所驱动,已经成为世界上二氧化碳排放源中增长最

城市交通运输街景图
Photo by Victor Sánchez Berruezo on Unsplash

快的一个来源"。美国能源信息署(Energy Information Administration)发表了类似的报告,"交通运输的排放自1990年起主导了美国二氧化碳排放的增长,美国有将近69%的跟能源有关的二氧化碳排放是由交通运输排放造成的"。欧盟委员会报告说:"在欧洲,交通运输排放是唯一一个还在逐年增长的主要的温室气体排放源。"

美国和欧盟有能够减少与能源相关的二氧化碳排放的其他主要来源,如发电。一方面,这是因为有很多无碳电力能源可供选择,例如太阳能、风能、核能和水能。另一方面,这些能源的价格已经有了大幅的下降,而发电量也在不断上升,尤其是那些高科技可再生能源,诸如风能和太阳能。然而,从全球角度来说,总能源的95%是由我们的轿车、运动型多功能汽车(SUV)、货车、卡车、轮船、火车和飞机消耗的,并且依然依赖于石油,跟以往的情况没什么不同。这是因为由液体化石燃料驱动的内燃机是我们绝大多数交通工具的发动机,一个世纪以来没有多少变化。还有,全球交通工具总数量数十年来一直保持增长。仅机动车辆数量在最近25年里已经翻番,超过了10亿辆。

为了在全球范围内大幅度减排二氧化碳,以防止地球未来

增温 2 ℃以上,我们也需要在交通运输方面采取多样化的减排策略,就像在其他领域一样,4 个最常用的方案如下:

(1) 提高能源效率,加强交通工具的节能性;

(2) 利用替代性能源的交通工具,使用低碳燃料的汽车;

(3) 替代性交通工具,将个人出行方式替换为步行、自行车出行,或采用公共交通出行,甚至可能的话利用网络减少出行;

(4) 汽油税收,利用税收鼓励消费者选择以上提到的方式之一或者其组合。

迄今为止,提高能源效率是最为广泛采用并且性价比最高的技术方案。这个方案只需要简单地减少交通工具的碳排放,而并不需要重新建设使用新燃料的基础设施。另一个主要优势是可以利用节省下来的燃料成本来偿付改进的支出。所以在汽油消费价格越高的时候,增加能源效率的资金回笼越快。

20 世纪 70 年代的能源危机极大地刺激了汽油价格的增长,并且促使大量发达国家采取政策提高交通工具的能源效率。美国为此推行了燃油经济性标准,而与此同时,欧洲国家则颁布了燃油税。最终,世界上许多国家都采取了燃油经济性

标准,其中也包括中国。直到今天,汽车制造商已经寻求了各
类方案来提高交通工具的能源效率。这些方案包括使交通工
具更轻便、改进空气动力学设计(以减少空气拖曳造成的能源
浪费)、换用柴油机(这种发动机的能源效率远比汽油内燃机的
高),或者使用其他更先进的技术。在这些新技术方案中,最重
要的一个方案是混合动力汽车。它结合了电动机和传统的汽
油机(或柴油机)。这样的结合为大幅的能源节约提供了可能
性。举例来说,汽车现在可以使用"再生制动系统"了,这是一
个主要能源节约装置。原来可能在大部分汽车减速时由摩擦
生热消耗的能量被发动机截获,而现在混合动力系统可以截留
将近一半这类能量。

　　另外一条防止或者减少交通运输相关的二氧化碳污染的
途径是采用替代系统。替代系统包括公共交通、巴士系统、共
享出行、设置自行车车道等。也许,最大的替代可能性来自互
联网。因为越来越多的人在网站上进行电子通信、电子会议和
电子购物,许多迹象表明互联网开始影响工业化国家(例如美
国)每年的整体驾车出行情况。有证据显示,因为短信、脸谱
(Facebook)等社交工具成为年轻人更偏好的社交方式,他们
更倾向于少买车和少开车了。

尽管交通工具能源效率的提高和交通里程数的减少都起到一定作用,但是我们的世界依然需要大量减少交通运输的废气排放,尤其是在路上的汽车数量还在增加的情况下。因此,我们在未来需要用一种零碳排放的能源来替代汽油。这意味着我们需要将传统的汽车替换为代用燃料汽车(alternative fuel vehicle,AFV),例如电动汽车或者氢燃料电池汽车。让我们来关注一下代用燃料汽车所面对的挑战。

限制代用燃料和代用燃料汽车实现市场普及的挑战是什么?

代用燃料汽车是指不以汽油、柴油等石油相关制品为燃料的汽车,它们使用的燃料包括电力、天然气和氢气。代用燃料汽车面临着巨大的挑战——即使过去的几十年里一直在推广代用燃料汽车,但美国约 95％的汽车仍使用石油相关的燃料。特别值得注意的是,与采用传统燃料的传统汽车相比,通常,代用燃料汽车具有一些市场劣势,包括成本偏高和燃料补给相对困难。因此,代用燃料汽车市场要想取得成功,政府的激励或支持将是不可或缺的。此外,代用燃料汽车通常无法为主要的能源和环境问题提供性价比最高的解决方案。相反,它们需要政府对市场进行干预,制定支持其发展的政策。

我们很早就已经了解到,代用燃料汽车作为气候变化的解决方案存在着很多局限性问题。2003 年,美国交通部发表了题为《减少机动车温室气体排放量的燃料选择》的报告。该报告评估了在未来的 25 年间采用汽油替代品实现温室气体减排的可能性。报告中总结,"大多数汽油替代品对于温室气体的减排效果中等",并且"推广代用燃料是一种成本高昂的减排策略"。代用燃料很难撼动燃油经济性作为最具成本效益的减排措施的地位。

长期以来,美国、欧盟、加拿大等一直在尝试推广代用燃料汽车。美国《1992 年能源政策法案》制定了目标,规定到 2000 年,代用燃料至少取代 10％的石油燃料,到 2010 年,代用燃料至少取代 30％的石油燃料。然而,2000 年,美国代用燃料只取代了 1％的石油燃料,甚至到 2010 年都没有完成 2000 年的目标。此外,正如上文所述,主要的代用燃料是掺入了玉米乙醇的汽油,这对温室气体减排的作用微乎其微。玉米乙醇成为主要代用燃料的原因是其能够以相对较低的比率(不超过 10％)直接掺入汽油,且大多数汽车可以直接使用。

一份重要的文献揭示了代用能源的失败。抛开代用燃料汽车是否可以实现减排的成本效益这一疑问,其成功路上还将长期存在六个主要的障碍:

(1) **代用燃料汽车成本过高。**代用燃料汽车是否可以达到消费者可以负担且制造商仍然盈利的平衡点?

(2) **车载燃料储存问题(续航里程较短)。**在不减少乘客或货运空间的前提下,汽车是否可以储存足够的代用能源,以达到消费者期待的续航里程? 代用燃料的加注速度是否能满足消费者需求?

(3) **安全和责任问题。**代用燃料是否安全,是否一般使用者即使没有经过特殊训练也可以轻松补给?

(4) **燃料加注成本相对于汽油较高。**代用燃料汽车每公里的燃料成本是否与汽油相同(或更低)? 如果不是,那么要比汽油高多少呢?

(5) **燃料站数量的限制(类似于"先有鸡还是先有蛋"的问题)。**一方面,如果车载燃料基础建设不完善,谁会去购买代用燃料汽车呢?另一方面,在大量代用燃料汽车投入生产,并能成功占据一定市场份额前,谁又会冒着巨额投资搁浅的风险建造代用燃料加注站呢?

(6) **竞争升级。**如果代用燃料汽车还需要时间来改进,那么这段时间里,包括燃油经济效率较高的汽油燃料汽车在内的竞争者是否也会做出同样或更大的改进呢?简而言之,到 2020 年或 2030 年,代用燃料汽车的竞争者是否还将保持领先地位?

所有的代用燃料汽车都或多或少存在着上述问题。抛开其他效益而言,上述任意一项障碍都有可能成为代用燃料汽车和代用燃料的终结者。其中,最难以控制的仍是"先有鸡还是先有蛋"的问题:如果代用燃料相关的基础设施不完善,那么谁会购买代用燃料汽车呢?而在代用燃料汽车取得市场成功前,谁又会建造代用燃料加注设施呢?事实上,现在市面上已经有上百万辆灵活燃料汽车(flexible fuel vehicle, FFV)。这种汽车可以使用 E85 乙醇汽油(85% 乙醇,15% 汽油),100% 汽油,或是二者的任意混合,而其成本和汽油燃料汽车基本持平。然而,大多数的灵活燃料汽车仍以汽油作为全部燃料来源。

至于天然气燃料汽车,人们过度夸大了其环境效益,并且对于汽车和加注站的早期成本估计不足。"早期促销人员坚信'价格很快就会降下来',并承诺了根本无法实现的价格水平。"

一项研究总结道："夸张的描述降低了代用交通燃料的可信度，减缓了消费者的接受度，尤其是一些大型商业购买者。"电动汽车没有尾气排放，并且是唯一一种每英里燃料成本低于汽油的代用燃料汽车。然而，驾驶里程、充电站和售价等问题限制了其发展。氢燃料电池汽车（hydrogen fuel cell vehicle）也没有尾气排放，但是其发展受到上述所有问题的限制。燃料电池汽车仍是目前最为昂贵、发展困难最多的代用燃料汽车。

汽油燃料汽车的改进不但增加了其市场竞争力，还减缓了代用燃料汽车的推广。几十年前，加利福尼亚州或全美国都不曾关注全球变暖，他们只是想着让污染严重的城市空气变得清洁，保证公共健康。因此，各级政府制定更严格的尾气排放标准，限制包括氮氧化物和挥发性有机化合物等在内的污染物的排放量，减轻炎热夏日的雾霾状况。然而，当政府制定这些规定时，几乎没有人想到，只需提高内燃发动机汽车的效率并使用新配方汽油，便可以达到每英里氮氧化物排放量低于0.02克的目标。

然而，进入21世纪，汽车制造商研发了新一代机动车，即部分零排放混合动力汽车，例如丰田普锐斯和福特翼虎混合动力车。这些混合动力汽车大幅提升了代用燃料汽车的发展潜力。部分零排放混合动力汽车使用汽油燃料，可以随时加油，所以不存在"先有鸡还是先有蛋"的问题。因此，年均燃料成本大幅降低，驾驶里程更长，温室气体排放量降低了 30%～50%，尾气排放减少了近90%。

的确，混合动力汽车的售价略高，但哪怕忽略其成本效益，通常只需政府激励措施和汽油成本的大幅降低，就可以与额外成本相抵消。但是从消费者的角度来看，大部分代用燃料汽车的环境效益是基于更高的汽车售价、更贵的燃料成本、较短的驾驶里程和其他不尽如人意的特点。因此，从绿色消费者的角度来看，他们往往想要一辆低油耗、低碳排、低尾气污染、售价合理、随时可以加油、可以放心出门旅行、一箱油可以跑较远里程的汽车。当然，你也可以选择其他的部分零排放混合动力汽车，或者和大部分人一样，选择燃油效率较高的传统部分零排放汽车。

毫无疑问，这些汽油燃料汽车的优势大大削减了消费者对其价值的衡量和政府对代用燃料汽车的推广，其中包括燃料电池汽车和电动汽车。如果只是为了将尾气排放率从已经非常低的每英里 0.02 克氮氧化物降低到零排放（并且燃油蒸发排放量完全没有减少），那么消费者愿意为此付出多少额外成本，外加哪些不便利条件呢？毫无疑问，结果自然只是一点点。然而，在过去的 10 年间，人们对新车尾气排放的关注逐渐降低，而对二氧化碳排放量的关注逐渐攀升。这一现象不仅在美国发生，全球售卖新车的地区都存在着这一趋势。人们对气候变化解决方案的兴趣日益增长，这意味着人们对真正零排放汽车产生了新的兴趣：不仅仅是尾气排放为零，还要达到燃料来源本身零污染、零碳排，因为我们有很多生产电力和氢气的方法，其中一些非常清洁，然而另一些则污染较重。

与此同时，汽车制造商和企业家在不断改进电动汽车和燃料电池汽车的技术。氢燃料电池汽车是小布什政府的宠儿，其为该技术投资了巨额研发资金。此外，不仅政府、汽车制造商和清洁能源风险投资方大量投资改善电池及相关组件的性能，便携式设备和手机制造商也希望在降低小型设备生产成本的同时，可以提高电池性能。近年来，电动汽车和氢燃料电池汽车开始重整旗鼓，尤其是电动汽车。那么，接下来就让我们一起来看看这两种代用燃料汽车吧。

电动汽车的作用是什么？

电动汽车是以足够大的车载电池为动力，采用电动机驱动，单次充电即可进行远距离行驶的车辆。最早的电动汽车可以追溯至 19 世纪 30 年代。到 1900 年，美国路上的汽车有 1/3 是电动的。然而，已探明的大量石油储量、更好的路面状况、更好的发动机技术和内燃机汽车的大量生产，导致电动车

正在充电的电动汽车
Photo by Dietmar Rabich on Wikimedia Commons

无法与内燃机汽车抗衡。

20 世纪 70 年代至 80 年代,人们对于石油依赖性和空气污染的关注逐渐增高,因此又重燃对电动汽车的兴趣。长期以来,电动汽车都是唯一一种每英里燃料成本低于汽油的代用燃料汽车。这是因为电动机的效率非常高,并且有很多低成本的电力来源。气候领域对电动汽车则更感兴趣,因为可再生能源或核能是唯一低于汽油成本的零碳排代用能源——即使是在可再生能源大幅降价前,这一优势依然存在。而在过去的 25 年间,太阳能的价格又降低了 99%。

然而,我们仍然需要一辆实用的电动汽车去合理利用这些低成本无碳能源。实践证明,电池技术的不断改进和创新设计的结合是扭转局势的重要因素。第一个大变化是油电混合动力汽车大获成功。混合动力汽车将汽油和电力相结合,实用、实惠,并且需求广泛。混合动力汽车的电池容量较小,所以电池所占空间较小,重量和成本也都相对较低。此外,混合动力汽车的电池既可以利用制动时的动能生产电力,也可以直接由汽油发动机生产电力。当然,后者并不解决污染问题。

因此,油电混合动力汽车的成功推广导致出现了一种全新的电动汽车：插电式混合动力汽车(plug-in hybrid electric vehicle,PHEV)。插电式混合动力汽车采用了比传统油电混合动力汽车更大容量的电池,可以接入电网充电,并以纯电模式行驶一定里程。大多数人用车都以通勤或购物等短途用车为主,这期间都有一段时间不用开车,便可以为车辆充电。因此,即使插电式混合动力汽车的纯电里程相对较短,只有20英里至40英里,作为一种可持续的代用燃料汽车,其对于汽油消耗量和尾气排放的大幅减少十分有效。

因为插电式混合动力汽车也有汽油发动机,因此它们被归为双燃料汽车(dual fuel vehicle,DFV),并且规避了纯电动汽车最大的两个缺陷。第一,电池充电量不限制插电式混合动力汽车行驶的总里程。如果电池蓄电量用尽,那么它们可以只使用汽油发动机,同时通过再生制动为电池充电。第二,如果车主在两次用车期间没有时间充电,或者找不到当地的充电桩,那么插电式混合动力汽车可以和汽油汽车一样在几分钟内加满油,不需要像传统电动汽车一样等待几小时直到电池充满电。

2009年至2014年,全球共售出26万台插电式混合动力汽车。全球最畅销的插电式混合动力汽车是通用汽车公司旗下的雪佛兰沃蓝达或以不同品牌名出售的同款汽车,总销售量达到 8.8 万台。丰田普锐斯插电式混合动力汽车位居第二,共售出 6.5 万台。

特斯拉电动机的横空出世也扭转了近年来电动汽车的局势。2006 年,埃隆·马斯克(Elon Musk)在美国硅谷创立特斯拉公司,旨在研发高端运动款电动汽车,并承诺充电一次至少可以续航 200 英里。根据美国能源部报道,特斯拉于 2014 年成为加利福尼亚州"第一大汽车行业雇主"。虽然特斯拉的销售额和收入只占通用汽车的一小部分,但特斯拉的市场资本(股票价值的总和)已经超过通用汽车的一半。

美国能源部在题为《电动汽车的历史》的报告中指出,"特斯拉的横空出世和随后的成果促使很多的大型汽车生产商加快研发电动汽车的进程"。2010 年底,雪佛兰在美国发售沃蓝达插电式混合动力汽车。同时,日产汽车公司发售聆风电动汽车,截至 2016 年底,聆风电动汽车总销量超过 25 万辆,成为全球销量较好的纯电动汽车。同时,特斯拉 Model S 的销售量也已经超过了 15 万辆。

日产聆风电动汽车的总燃油经济性指标折合约每加仑

115 英里,其续航里程是 110 英里。未来几十年间,汽车使用量的增长大多数将发生在那些不需要定期远距离驾驶且不需要大型车辆的国家中。人们主要在城市交通和短途驾驶中使用日产聆风这样的电动汽车,并且很多情况下,人们大多只进行短途旅行,因此日产聆风这样的电动汽车的利用率比主要交通工具还高。

美国能源部表示:"2010 年以前,市场对电动汽车几乎没有需求。"2013 年底,全球共售出 40 万辆插电式汽车,包括插电式混合动力汽车和纯电动汽车。2014 年底,这一数字攀升至 70 万辆。2014 年,约 32 万辆电动汽车登记上路。国际能源署在其《2017 年全球电动汽车展望》报告中称,截至 2016 年底,全球电动汽车存量达到 200 万辆,仅 2016 年就新增了 70 万辆电动汽车,较 2015 年增长了 60%。

电池是电动汽车最关键的组成部分,人们对电动汽车的兴趣的回潮主要是因为电池成本骤减。电池储存的能量以"千瓦时"为单位,相当于以 1 千瓦的功率在 1 小时内做的功。电池储存的能量越高,汽车的续航里程便越长。电池经济的一个关键衡量标准是每千瓦时的成本。电池的成本越低,制造续航里程长的电动汽车的成本便越低。2013 年,国际能源署发表《全球电动汽车前景：2020 年电动汽车产业预览》报告，预测当电池蓄电成本可以降至 300 美元/(千瓦·时)的时候，电动汽车的成本便可以与内燃机汽车持平。报告中的这种情况可能在 2020 年发生。

2015 年 3 月，《自然·气候变化》杂志刊载名为《电动汽车电池组成本骤降》的研究报告，表明"2007 年至 2014 年，电池工业的成本平均每年降低 14％，从 1000 美元/(千瓦·时)降低至 410 美元/(千瓦·时)"。研究还进一步表明："市场领先的纯电动汽车生产商所使用的电池组的成本甚至更低，可以达到 300 美元/(千瓦·时)。"

国际能源署在其《2017 年全球电动汽车展望》报告中指出，到 2016 年，电池价格已跌破 300 美元/(千瓦·时)，与此同时，通用汽车和特斯拉都声称其电池成本为 200 美元。简而言之，顶尖的汽车制造商已经掌握使电动汽车的成本与传统汽车持平的电池技术。瑞银集团(UBS)是全球领先的投资银行，2014 年，瑞银的研究报告表明，在德国等地，"特斯拉 Model S 的 3 年总拥有成本和同级石油燃料汽车(如奥迪 A7)相近"。当然，这一持平的分析是基于 2013 年和 2014 年的油价比 2015 年的油价高出不少的现象。2015 年的电池分析表明，电池价格需要降至 250 美元/(千瓦·时)，电动汽车才更具有竞争力。此外，研究总结：

> 如果电池成本可以降至 150 美元/(千瓦·时)，那么电动汽车或会突围小众市场，能更广泛地打开市场，形成汽车科技的模式转变。

那么电动汽车的电池是否能达到这一价格呢？到 2018 年，他们可能已经接近这一水平。国际能源署指出，特斯拉预计在 2020 年将达到 100 美元/(千瓦·时)，通用汽车表示将在 2022 年实现这一目标。

那么续航里程问题如何解决？2016 年，特斯拉和通用汽车都表示，他们不久后将以 3 万美元或更低的价格（包括税收优惠）推出续航里程 200 多英里的电动汽车——特斯拉 Model 3 和雪佛兰博尔特，预计这一里程和价格组合将打开电动汽车市场。其他几家汽车公司，包括福特、日产和大众，也宣布他们将销售一款续航里程 200 英里的经济型电动汽车。当特斯拉在 2016 年 4 月开始 Model 3 预售时，需求量巨大，以至于特斯拉 1000 美元的预售首付款在第一个周末就为该公司带来了

2.75 亿美元的收入。到 2017 年 7 月 28 日，Model 3 的预售量达到了 50 万辆。与此同时，特斯拉宣布将以 4.4 万美元的价格出售"加长版"Model 3，续航里程为 310 英里。

充电问题如何解决？虽然在特定的电动车站充电仍然需要数小时，但一些公司正在建造的超高速充电站可以在 25 分钟或更短的时间内完成大容量充电。截至 2017 年，最快的充电器可在 20 分钟内为电池充 80% 的电。因此，快速充电的充电速度即将满足在旅途中各种休息区停留的人的需求。

电动汽车在许多国家正迅速获得市场份额并改变政府政策。在挪威，电动汽车已经占据了 40% 的市场。挪威交通部部长表示，到 2025 年，新型燃料汽车的销售将会结束，这是"能够实现的"，而印度则预计到 2030 年结束。2017 年，法国政府和英国政府都宣布，到 2040 年将禁止销售非电动汽车。2016 年，中国的电动汽车销量增长了一倍以上，成为全球较大的电动汽车市场。中国政府宣布，最终也将逐渐禁止非电动汽车的销售；目前，中国的目标是到 2025 年将电动汽车销量提高 1000%，即每年新增约 300 万辆电动汽车。

所有这些投资意味着电池价格将继续下跌，而性能和里程将继续上升。2017 年 7 月，彭博新能源财经预测，电池价格将在至少 20 年内持续下跌，到 2025 年，电动汽车将变得像燃油汽车一样便宜，而且很快就会变得更便宜。彭博新能源财经解释说："随着电池价格暴跌，在 20 年内，电动汽车的销量将超过化石燃料汽车。这将使全球汽车行业发生翻天覆地的变化，并预示着石油出口国将面临经济动荡。"

什么是氢燃料电池？ 什么是氢燃料电池汽车？

氢燃料电池是一种小型的、标准化的电化学元器件。它与普通电池有诸多相似点，也有不同点，例如氢燃料电池可以不断制造电能。你可以把氢燃料电池当作一个给它氢气和氧气就生产水、电和热的黑箱。只要有持续的氢气供应，氢燃料电池就既可以用在固定装置上又可以用在移动装置上。氢燃料电池汽车与电动汽车十分相似，因为前者是通过氢燃料电池生产电能来驱动电动机的。氢燃料电池汽车和电动汽车的主要区别是，前者需要氢气供应，而后者需要电能供应。

氢燃料电池发明于 19 世纪 30 年代。在过去超过一个世纪的时间内，氢燃料电池在市场上没有取得任何成功。但是在航天任务(如阿波罗计划)中它备受青睐,因为外太空不太适合燃料燃烧。然而如果用在工业产品中,氢燃料电池既没有高性价比也不实用。直到最近几年,氢燃料电池才在小范围内被商用。在交通运输业中最具前景的氢燃料电池是质子交换膜(proton exchange membrane,PEM)氢燃料电池。这种氢燃料电池在 20 世纪 60 年代被通用电气公司设计出来,并用于双子座太空计划。质子交换膜氢燃料电池可以在低温下工作,这意味着它不需要很长时间预热。现在使用的很多氢燃料电池需要高温环境,只适合固定基站,而不适合汽车。

1993 年年中,我在美国能源部工作时收到的第一份简报就是洛斯阿拉莫斯国家实验室(Los Alamos National Laboratory)等机构在质子交换膜技术上取得重大突破,并大大降低了它的生产成本。质子交换膜氢燃料电池距离商用依然很遥远,但它的前景是可以预见的。因此,在 20 世纪 90 年代,美国能源部大大增加了对质子交换膜氢燃料电池的资助。同时,美国能源部也资助了混合动力汽车、高性能电池和很多其他代用燃料汽车的研究。氢燃料电池汽车被认为是燃料汽车皇冠上的明珠,因为它可以实现完全零排放。它又不像电动汽车需要每隔一段时间进行充电,只要附近有氢气站,氢燃料电池汽车可以迅速加满燃料,因而氢燃料电池汽车可以免于电动汽车行驶里程短、充电速度慢的掣肘。

2003 年,美国时任总统乔治·W. 布什在当年的国情咨文中宣布,他号召全国的科学家和工程师努力投身到研究氢燃料电池汽车的事业中,这样未来的人们就能开上用氢作为燃料的、零排放的汽车。此举使得美国联邦政府和企业在氢燃料电池上的投资大大增加。

当我还在美国能源部工作的时候,有一件事情让我们非常激动,那就是我们正寻找一种能安装在汽车上将汽油转化成氢气的技术,我们称之为"车载制氢"。然而,到了 20 世纪 90 年代,我们终于明白这项技术在汽车上使用不太现实,因而政府和企业都放弃了这条路。当时我们并不明白推动氢燃料电池汽车的发展意味着什么。它意味着,如果要使氢燃料电池汽车实现大规模投入使用,我们则需要在全国建造数千个昂贵的氢气加气站来满足车主加气的需要。它同样意味着车上要储存大量的氢气。以上这些都意味着制造实用性强且价格可以让人接受的氢燃料电池汽车要比想象的困难得多。

当时,在小布什总统宣布他的呼吁之后,我便开始查找关于氢燃料电池汽车的各种资料。我阅读文献、咨询专家，自己也做了一些分析，越来越认为氢燃料电池汽车的实现难度相当大。2004年，我写了一本书——《氢能是一种炒作》。与此同时，美国国家科学院和美国物理学会的研究也对氢能的利用表示悲观。2004年，我写道："氢燃料电池汽车在2030年前不太可能有超过5%的市场占有率。"因此，氢燃料电池汽车不会是减排的主要贡献者。在2013年，由一家独立研究和咨询公司勒克斯研究公司（Lux Research）发布的研究报告与我前面的结论也十分接近。他们的报告题为《大缩水：氢能经济的未来》。他们在报告中写道：虽然过去10年，已经有数十亿美元被投入氢燃料电池汽车的研究和开发中，但是，"政治家、经济学家、环境保护人士梦寐以求的氢能经济依然遥不可及。到2030年，氢燃料电池汽车预计仅仅会有30亿美元的市场规模，5.9吉瓦的发动机总功率。"

本书并不打算讨论氢燃料电池基站对解决气候变化问题的帮助作用，因为我很难相信它会成为减排的主要贡献者。建造商用固定氢燃料电池基站已经被认为是极其困难的，因为这样的基站几乎不可能盈利。2013年勒克斯研究公司的报告中认为，到2030年，质子交换膜氢燃料电池在有限的几个领域

（电信和备用能源）会有 10 亿美元的市场规模。但"无论是家用、商用还是发电，氢燃料电池都不会成为性价比最高的选项"。前面提到的最后一点的确让人对氢燃料电池的前景感到非常悲观。氢燃料电池基站，特别是适合于建筑和发电的更高效的高温氢燃料电池基站还存在另外一个问题。在当前和可预见的未来，为了降低成本，它们必须使用天然气作为原料。而在大多数情况下，氢燃料电池不会比其他能源的碳排放量更少。而且，事实上，由于氢燃料电池基站需要使用天然气，甚至可能会排放更多的碳。

勒克斯研究公司预测，到 2030 年，氢燃料电池汽车和其他氢燃料可移动装置可以有每年 20 亿美元的市场规模。但除非能做到以下两点，否则氢能不会成为减排的主要贡献者：①届时市场规模能达到勒克斯研究公司预测的 100 倍；②价格合理的无碳氢能俯拾皆是，而这不太可能快到赶上减排目标的步伐。勒克斯研究公司认为"到 2030 年，燃料电池的氢需求总量会达到 14 万吨，仅占全球氢总需求量的 0.56%"。

鉴于目前已有几家主要汽车制造商（如丰田汽车公司等）涉足氢燃料电池汽车，让我们看看他们将面临哪些挑战。

将氢燃料电池汽车作为气候变化解决方案的最大挑战是什么？

氢燃料电池汽车有六个主要的问题，每一个都对应一个或多个更好的选择。六个问题包括：购买成本过高，汽车上氢燃料的储存问题，安全性与责任问题，高昂的燃料成本（与汽油相比），为数较少的氢气加气站以及市场竞争日益激烈。

第一个问题，氢燃料电池汽车价格十分高昂。虽然降低其成本的努力一直未中断，但进展缓慢，因而价格会成为一个重要的制约因素。福特汽车公司研究氢燃料电池汽车已经超过了 10 年。到 2009 年，他们的 30 辆氢燃料电池版福特福克斯汽车总计行驶了超过 100 万英里。福特的《2013—2014 年度可持续发展报告》这样总结他们的工作：

> 虽然在过去 10 年中我们已经在改进氢燃料电池汽车技术上取得了很多成就，但依然难以与当前市场上其他汽车技术抗衡。成本和续航是氢燃料电池面临的最大挑战。例如，美国能源部分析了所有氢燃料

电池技术，认为没有一项适合立即商用，也没有一项
技术可以在成本能被接受的情况下保证汽车的使用
寿命和性能。

也就是说，经过了 10 年的研发，目前尚没有一项实用且价
格可以被接受的氢燃料电池技术。与此同时，作为化石燃料汽
车最大的竞争对手，电动汽车在价格和性能上取得了惊人的进
步，并开始在全球市场上实现指数级增长。

其他公司也面临类似的问题，但他们依然选择把氢燃料电
池汽车推向市场。丰田汽车公司的氢燃料电池汽车"未来"在
开售之前定价 6 万美元。欧洲议会前主席帕特·考克斯（Pat
Cox）在 2014 年 11 月的谈话中表示，丰田汽车公司可能每卖
出一辆车就亏损 5 万欧元到 10 万欧元。作为一种新兴技术，
要准确估计氢燃料电池汽车的具体成本是很困难的，但 2015
年，现代汽车公司表示将把他们的氢燃料电池汽车"途胜"的价
格下调 43%，与丰田汽车公司竞争。"途胜"原本售价 14.4 万
美元，降价幅度超过 6 万美元。丰田的"未来"和现代的"途胜"
的实际生产成本都可能超过了 10 万美元。

第二个问题，氢燃料电池汽车目前还不能解决车上的氢燃

料储存问题,而这点对其实用性至关重要。在室温和标准大气压下,储存氢气所占的体积要比提供相同能量的汽油多3000倍。10年前,美国能源部向国会提交的《2003年氢燃料电池发展报告》中写道:"汽车上的氢燃料储存系统需要满足300英里至400英里的续航需要,同时不能牺牲乘客的乘坐舒适度和储物空间。目前的储能技术远远不能达到上述要求,因而也不能获得市场的认可。"

当时所描述的"目前的储能技术"是压缩和液化氢气。液态氢被广泛应用于氢气的储存和运输中。液态氢的确在储存和加注的便利性上比氢气具有优势。液态氢能量密度更高,更容易运输,更易于加注操作。这就是现今绝大多数的汽车都使用汽油和柴油等液体动力源的原因。

但是氢气的液化非常困难。温度在零下423 ℉(约零下217 ℃)下时氢气才能液化,这已经快接近热力学温度零度(约零下273 ℃)了。这使得液态氢必须被置于极其隔热的低温储罐中。液态氢不太可能被用在汽车上,因为达到这样的储存条件成本太高,物流运输问题较多,而且将氢气液化的过程能量消耗太大。将1单位氢气液化所消耗的能量约等于氢气能量的1/3。

因为通过降温使氢气液化的办法极其不实用,10 年前几乎所有的氢燃料电池汽车都使用压缩方法储存氢气。将氢气压缩到 10000 磅[①]每平方英寸[②]的压强(标准大气压下约 15 磅每平方英寸),这个过程消耗的能量相当于被压缩氢气能量的 10%～15%。在如此高压强下运行的整个储存系统,包括燃油泵,都需要非常复杂的结构。储存系统使用的材料和组件都十分复杂且昂贵。即使将氢气压缩到 10000 磅每平方英寸,它所占的空间依然会达到含同等能量的汽油的 7～8 倍,如果要行驶同样的里程,储存压缩氢气的空间会是汽油的 4 倍(因为氢燃料电池汽车能源利用效率更高)。

2004 年美国国家科学院的研究论著《氢能经济》中,对液化和压缩氢气的储存技术都做了总结,认为它们"在轻型汽车上使用前景黯淡",并建议美国能源部停止相关研究。氢燃料储存技术如果要商用必须依赖重大技术突破,现在来看最有可能的技术突破是固态氢储存技术。然而十多年后的今天,几乎所有的展示车辆和计划推向市场的车型依然在使用氢气压缩储存技术。福特汽车公司在其《2013—2014 年度可持续发展

---

① 　1 磅≈453.59 克。——译者注
② 　1 平方英寸≈6.45 平方厘米。——译者注

报告》里这样解释:

> 车辆的氢气储存是氢燃料电池汽车推向市场的另一个重大挑战。目前的展示车辆使用的是氢气压缩储存技术,然而高压的燃料箱需要非常昂贵的材料(比如碳纤维)制作以保证结构强度。此外,燃料箱如果要满足续航需要,则不得不牺牲乘客的乘坐舒适度和储物空间。

报告的最后,福特汽车公司总结道:"因为氢燃料电池汽车在氢燃料电池的成本和实用性上,以及氢气的车载储存上还存在重大困难,我们需要在科学研究上取得进一步突破,在工程技术上不断改善,以使燃料电池汽车技术在商业上可行。"

氢气的安全问题是比较特殊的,因为氢气的化学性质很特别。一方面,氢气相比汽油这样的液体燃料的确有一定的优势。当汽油箱渗漏或破裂时,汽油会聚成一摊,一点火星都会造成一场大火;它还可能飞溅,扩大已有的火势。相反,氢气会迅速扩散到空气中。氢气是无毒的。但氢气有它独特的安全问题。美国能源部在对氢燃料电池汽车安全性的讨论中提到:

"氢气无色无味,让人类无法察觉,因而使用氢气的系统需要配备通风设备和泄漏检测装置。"像硫磺一样的有味道的气体也不适合做燃料,因为它是有毒的。

氢气是高度易燃的,点燃它所需的热量只需要天然气或汽油的 1/10。它可以被手机或者数英里外的雷暴点燃。因此,氢气泄漏是严重的消防安全隐患,特别是它还非常不容易被发觉。氢气燃烧几乎是不可见的,人们可能会不知不觉地陷入燃烧的氢气中。氢气让很多金属变得很脆弱,包括燃气管道常用的碳素钢。而且,高压储存燃料箱有破裂的风险。超过 1/5 的氢气相关事故由氢气泄漏引起。

美国能源部申明:"只要用户遵守安全准则,那么使用氢气就像使用其他常用燃料一样安全。"在绝大多数氢能源企业中,员工会接受特殊的培训,穿着特别制作的工装,配备探测火焰气体的电子探测器。在氢气的工业生产中,各种安全标准规定众多,特别是在实验室或者车库这种密闭空间内,氢气泄漏会导致气泡不断增多。但是意外依然难以避免。如果很多人把氢燃料电池汽车停到不透风的车库里会发生什么?福特汽车公司燃料储存组前主管表示:"当进行大规模安全宣传耗资巨大,却又不能保证所有用户都能遵守安全准则时,将氢燃料的危险性控制在可接受范围内是非常困难的。"在能够大规模应用氢能源之前,重大的安全创新是必需的。

另外一个关键问题是基础设施建设。氢气加气站造价非常高昂,建设一座氢气加气站需 100 万美元到 200 万美元,因为把氢气压缩到 10000 磅每平方英寸绝非易事。此外, 些加气站储存的是温度极低的液态氢,这同样需要非常复杂和昂贵的设施。因为成本高昂,所以现在世界范围内氢气加气站为数甚少。能生产无碳氢气的加气站造价更是高昂,因而这种氢气站更加稀少。

氢气加气站造价高造成了许多问题。在市面上出现足够多的氢燃料电池汽车之前,谁会花数百亿美元在全国范围内建造提供无碳氢气的加气站?另外,如果氢气加气站非常稀少,有哪个厂家会生产和销售这样的氢燃料电池汽车?此外,汽车生产商和燃料供应商能否在知晓消费者是否会喜欢氢燃料电池汽车之前,就冒险推出氢燃料电池汽车和建造氢气加气站?这些都是未知数。

一份 2001 年发布的报告分析道:因为投资巨大,同时压缩氢气加气站又不容易改造成其他类型的加气站,如果出现了比压缩氢气更好的车载氢气储存方法,或者有人找到了比氢气更适合做燃料电池汽车的燃料的气体,那么前面的投资将不可挽回。投资失败的风险同样存在于天然气(主要成分是甲烷)加气站,因为用甲烷制取氢气非常容易且廉价,但问题是制取过程中会释放二氧化碳。

福特汽车公司的《2013—2014 年度可持续发展报告》强调:"目前制取氢气最常用的方法是天然气蒸气转化技术。但是当氢燃料电池汽车使用这种技术制取的氢气行驶时,并没有对减排起到积极作用,因为制取过程已经释放了大量碳。"当纯粹的氢气经济最终建立的时候,这种加气站就不再具有价值了,因为那时将依赖大工厂生产而不再需要小型的将天然气转化为氢气的装置。有可能氢燃料电池汽车永远不会把普及度、价格和性能这三件事同时做好,以至于全部投资都会打水漂。

相比起制备氢气,有人提出可以运输氢气。使用无碳能源(如风电)集中制备氢气是最终目标。问题是液态氢(通常使用大货车运输)不能满足既能高效运行又能以最低成本减少碳排放的要求,因为氢气的液化过程耗能巨大(相当于氢气能量的 1/3)。此外,几乎所有的汽车制造商都采用高压储存的方法,这使得加气站必须配备氢气加压设备。这样一来,储存和运输

1 单位氢气消耗的能量就相当于其所含能量的一半,这就几乎抵消了使用氢能源在能源供给和减排上的所有好处。如果直接用拖车运输压缩氢气,那么根据阿西亚·布朗·勃法瑞有限公司的测算,运输 300 英里会消耗相当于被运输氢气约 40％的能量。

想要使氢燃料电池汽车可以方便地添加价格合适的无碳氢气,在氢气的生产和运输环节上需要有重大的突破才行。福特汽车公司在其《2013—2014 年度可持续发展报告》中这样解释:

> 在氢燃料的成本、获得的方便性,以及车载氢燃料的储存技术上,我们还面临诸多挑战。我们认为需要有更深入的科学研究和更好的工程改进,才能克服这些挑战,将氢燃料电池汽车推向市场。

能量储存在化石燃料过渡期的作用是什么?

某些形式的可再生能源最大的挑战是他们不能被连续应用,意思就是,它们只能在太阳光照射或者有风吹过的时候才能被利用。而水能、地热能或者集中式太阳热发电却不存在这个问题。然而,对于两种增长最快的可再生能源,即太阳能光伏能源和风能来说,这个问题却是存在的。随着时间的推移,在限制碳排放的世界中,这两种能源的贡献越来越大,我们的输电网络需要一种策略来应对用电需求量很大但没有日照和风的时期。

有两种主要的方法正在被应用于解决这一系列问题。首先,这些问题在很大程度上是一个"预测问题"。如果我们能够事先高度准确地预测未来 24 小时到 36 小时内风能或者太阳能的可获得程度,那么电力运营商有很多种可用的策略。举例来说,电力运营商可以使用需求响应,就是提前给予商业、工业和居民用电消费者一个确定的预警以在短时间内减少用电需求。事实上,这种预测能力早就取得了进步。2014 年,《技术评论》杂志上刊载的一篇名为《聪明的风能和太阳能》的文章证明了此观点,大数据与人工智能正在提供十分精准的预测,从而能将更多的可再生能源整合进能源网络中。

2017 年 8 月,美国能源部的《电力市场和可靠性报告》指出,得克萨斯州一半的短期储备,即旋转储备,来自其需求响应计划。该研究解释说,"消费者的最终用途——包括建筑能源管理系统,以及水和空间供暖与制冷——也可以作为(需求响应)资源",利用电力需求的短期减少来解决风能和太阳能发电的可变性。

运营商也可以在线提供备用设备。美国能源部 2017 年的报告发现,"快速开采化石燃料"的技术—— 比如天然气发电,与燃煤发电厂不同,天然气发电厂可以迅速投入使用——使可再生能源得以发展,"提供了可靠的、可调度的备用容量,以对冲供应变化的影响"。

第二种处理多变的风能和太阳能光伏的方法是将电能储备系统整合进能源网络中。在这种方法下,超额的电量能被储存起来应对没有风或者日照的天气。现在电网中最大的电能储备来源是水力发电厂的"抽水蓄能"。在这些发电厂中,当产生额外发电量或者发电成本很低时,水会被从一个较低处的水库中抽到一个较高处的水库中。然后在用电需求量较大、电价较高的时期,上水库中的水将被允许流进水力发电厂的发电机涡轮中来发电并用于即时销售。国际能源署在其《技术路线图:氢能》中指出,2050 年之前,抽水蓄能电站的装机容量将增长至原来的 3～5 倍。

抽水蓄能的循环效率——水流被抽出和回流之后保留的初始能源——是 $70\%\sim85\%$。换句话说,只有 $15\%\sim30\%$ 的初始能源会损耗,这对于能源储存系统来说是个不错的消息。试想,如果你想用氢气来储存能源,使用电解槽来利用电能产生氢气,然后将氢气储存起来,直到你需要电能的时候,再通过一块燃料电池来使用氢能发电。此过程中能量损失将极有可能超过 50%,或许会更多。这是非常大的额外的低碳电能的损失,这也表明了如果燃料电池只被用来储存电能将仅有非常有限的应用空间。

另一方面,在电池中储存电能的循环效率将会优于抽水蓄能的循环效率。然而,如前所述,由于电动汽车公司和其他公司(包括公用事业公司)对各种类型的电池技术进行了大量投资,电池价格正在急剧下降。因此,我们越来越多地看到锂离子电池和其他电池被用于短期的可再生能源储存。

同时,电动汽车正延续高速发展的态势,在它们停车的 90% 的时间当中,它们会对电池进行充电,这就需要为电动汽车提供能源储存和其他有价值的能源运输网服务。实际上,2017 年美国能源部的报告解释说,未来电网灵活性的一个来源将是"智能充电"插电式电动汽车。公用事业公司可以利用这些资源来平衡电力需求和电力生产：

> 聚集的车队或充电器可以充当（需求响应）资源，根据价格信号或运营需求转移负荷。例如，车辆充电可以转移到当天中午以吸收高水平的太阳能发电，并从无法利用太阳能发电和系统净负荷达到峰值的傍晚时分转移开。

在丹麦，电动汽车的车主只要在停车时插上电，并在需要时将多余的电力卖回电网，每年就能从公用事业公司那里赚到1500美元。

最后，正如国际能源署和其他组织指出的那样，太阳热发电厂能建造低成本的能源储存系统（一种高温流体）且其循环损失非常小。如果社会决定对其进行投资，而且政府为了尽量减小人类所面对的危机而改变政策来稳定二氧化碳的排放，这种形式的太阳热发电厂将会有非常大的潜力变成能源网络中的主流，特别是在21世纪20年代以后。无论何时，一旦社会开始严肃对待用低碳能源替代化石燃料这件事，那么上述探讨的各种技术和策略的结合必将会把种类繁多的可再生能源整合进低成本高效的能源网络中。

为减缓气候变化，农牧业能做些什么？

农牧业是温室气体的排放大户。农牧业可以采取三种方式来减少温室气体排放。其一，它可以减少温室气体的直接排放，例如减少化石燃料的使用。其二，它们可以调整生产方式，让更多的碳留在土地中。其三，食物供应商可以调整其生产的食品种类。因为种植某些谷类和畜养某些牲畜会比种植和畜养其他种类的谷物和牲畜产生更多的温室气体。

其一，农业部门可以使用更高效的设备和更环保的能源来减少二氧化碳排放，这一点跟其他行业是一样的。在这一点上，农民的选择范围比大多数人都要大。比如，他们可以安装风力机，因为风力机很高，因而安装风力机并不影响他们在风力机下面耕种作物。这样，农民就可以靠风能增加他们自己的收入。饲养牲畜的农民拥有很多可以产生甲烷的动物排泄物，这些可以用来发电和取暖。

其二，一些农业土地管理方法可以让更多的碳留在土地里。一些情况下，耕作方式的调整可以增加土壤中碳的储存量。但是关于怎样才是最有效增加土壤中碳储存量的耕作方式以及碳储存量到底可以增加多少都有待进一步研究。同样地，生物炭也可以产生类似的固碳作用。生物炭是动物或植物通过一定的转化过程形成的木炭。生物炭可以将空气中的二氧化碳移走并使其储存在土壤中。2012年的一篇报告总结了这个领域的研究，其中包括212篇经过同行评议的论文。报告的作者指出：如果生物炭可以稳定地保存在土壤中很长时间，制造生物炭将是减少空气中碳的很好的方式。如果生物炭不能稳定地保存，它就会分解并把储存的碳重新释放到大气中。文章写道："对于生物炭的稳定性，尚没有精确的研究予以证明，因而将制造生物炭作为控制温室气体的主要方法还为时尚早。"在研究相关气候减排文献的基础上，政府间气候变化专门委员会2014年的报告中写道："如果生物质足够多，而且生物炭在土壤中能够保持长期稳定并能被进一步的研究所验证，那么生物炭的确可以显著减少空气中的二氧化碳总量。"

美国国会预算办公室（Congressional Budget Office, CBO）指出了其他很多可以增加土壤中的碳储存量的方法。例如，"农民们可以通过年复一年地使用覆盖作物（起到护田肥田作用的作物）来取代轮耕（通过使用不同作物轮流耕种来保证土壤肥力的耕种方法）。干草不需要耕种又可以将碳储存在土壤里，像干草一样的覆盖作物就是很好的选择"。另一种增加农田中碳储存量的方法是减少水土流失，这可以通过在农田和溪流边植草来实现。在牧场管理方面，通过牧场的轮流使用和增加牧场植物种类可以减少牧场的碳流失。

其三，某些作物和家禽家畜提供每单位热量产生的温室气体比其他种类更少。2014 年 12 月，总部在伦敦的英国皇家国际事务研究所发布的一篇文献综述报告指出，"畜牧业排放的

牧场
Photo by Marc Mongenet on Wikimedia Commons

温室气体占全球总排放量的14.5％"。这意味着肉类和乳制品生产消费等环节产生的温室气体排放量相当于全球交通运输业的温室气体排放量。牛肉和乳制品是畜牧业中温室气体排放量最多的种类,占到畜牧业温室气体排放总量的 65％。从全球来看,生产牛肉排放的温室气体平均比种植含有同样蛋白质的大豆多 100 倍。

虽然改变管理方式是减少温室气体排放的有效方法,但是调整饮食结构的意义更大。2014 年政府间气候变化专门委员会减排报告有一个章节是"农业、林业和其他土地利用方式",其中总结说,调整饮食结构对达到把全球变暖增温控制在 2 ℃ 的目标至关重要。政府间气候变化专门委员会强调"如果照目前的情形发展下去,农业上的非二氧化碳排放(甲烷和氧化亚氮)将在 2055 年变为原来的 3 倍,折算成二氧化碳的量将达到每年 153 亿吨"。为了控制这种增长的势头,政府间气候变化专门委员会强调减少农场的产出,通过技术手段在农产品供给端减少温室气体排放(如改进农田或牲畜的管理),这二者能使未来的二氧化碳排放量降到每年 25 亿吨二氧化碳当量。

政府间气候变化专门委员会比较了照常排放情景和减少肉类和乳制品消费的情形，发现"改变饮食结构可以减少34%～64%的温室气体排放量"。采用哈佛大学医学院的健康食谱（每人每天肉类、鱼和鸡蛋的摄入量都不超过90克）"能使温室气体体积分数达到 450×10^{-6} 的减排成本减少50%"。当然，该文作者也随后附加了一句"因为文化和社会情况的巨大差异，在大范围内调整饮食结构并没有那么容易"。

饮食结构变化，和其他行为改变一样，可能是最慢被接受的减排策略之一。通常，行为方式的改变需要整个社会普遍认为这种行为对个人和社会都是不好的。就饮食的温室气体排放而言，气候变化的现实最终将促使人们改变饮食结构。如果本书讨论过的一些照常排放情景下的情况出现，2050年后世界上将会损失1/3的最适宜耕种的土地，那些土地会变得永久干旱和黑色风暴化。同时，海平面上升导致的海水倒灌会使河口三角洲地区土壤酸化，影响更多的粮食产地。特别要强调的是，这是我们假设地球上仅有30亿人需要养活的情况下预计的情形。如果所有人都像西方人一样饮食结构中有很大比例的肉食，那么地球不太可能拥有广阔的可耕种土地及淡水来养活这么多人口。粮食价格上涨，政府政策调整和社会舆论压力会共同促使人们改变饮食结构。

2050 年后,因为需要养活众多的人口,土地和水源都将用来种植粮食作物,农业部门可能不会有很多精力发展生物燃料。当前依赖大量的土地和水源的生物燃料行业将难以为继。21 世纪中叶以后,为了生产足够多的生物燃料,我们需要一种可实现商业化的新一代生物燃料,而不能像现在一样依赖农业废弃物和食物残渣。这种生物作物要能大规模种植,且对土壤环境和水分要求不高。

节约能源的作用是什么?

节约能源是通过改变人类的行为从而减少能源消耗来实现的。正如大规模地改变人类的饮食习惯有助于温室气体减排,如果能大规模地改变人类行为习惯,也会有相同的作用。节约能源是最具潜力的温室气体减排方式之一。然而,我们很难判断未来人们将如何积极主动地节约能源。因为这需要设想人类在 2030 年如何看待自己对未来的责任。到那时,人们会越来越清楚地知道,如果不改变自身行为,那么将会对几十亿人口,包括他们自己的子孙产生何种灾难性的影响。

对于世界上最主要的温室气体排放者,尤其是那些发达国家的人们,我们每周和每年会有多少能源密集的活动呢? 这些活动是否是生存必需的? 多大的房子足够居住? 要驾驶多少里程? 要乘坐几次飞机? 这些都不是我们现在就可以随便回答的问题。

物理学家索尔·格里菲思(Saul Griffith)曾十分全面地计算过自己的碳足迹。他不仅仅将通勤、飞行距离和家用电器能源消耗量计算在内,还具体计算了他使用的各类设备在制造和交通业中的碳排放量。例如他经常使用,并每隔几年就会更换的双体船。他的结论如下:"我们浪费了约 1/4 的能源在这些废弃物和垃圾上。"那么其中有多少是非必需品呢?

除非全社会能达成广泛共识,接受碳污染对个体和社会都存在危害这一事实,否则人们接受节约能源的速度仍然会像改变饮食结构一样相对缓慢。值得庆幸的是,许多迹象表明社会大众已经开始产生节约能源的意识。例如,2014 年 11 月,天主教教皇方济各(Pope Francis)向世界各国领导人写信表示:"人类对自然的不断破坏,是无节制的消费主义的恶果,这将给世界经济带来严重的后果。"2015 年 6 月,教皇就气候变化发表了长达 195 页的有力通谕,表明为什么气候变化不只是道德上的问题。如果有越来越多的道德领袖可以说出人类当前的行为可能带来的恶果,那么越来越多的人就会考虑开始改变。

7 气候变化与你

本章将探讨气候变化对人们及其家庭的影响等更加个人化的问题。

在未来几十年内，气候变化将会如何影响你和你的家庭？

在 21 世纪内，向低碳经济转型是不可避免的，事实上这种转型已经开始了。无论这种转型是否快到足以避免全球变暖增温大于 2 ℃带来的恶劣影响，它都将会对你和你的家庭产生重大影响。正如我们所看到的，气候行动已经被推迟了太长的时间，人类在未来几十年将会不可避免地遭受气候变化的重创，这种影响会波及你和你的后代。因此，你需要明白未来将要发生什么，这样你和你的家庭才能做好准备。现在，与互联网相比，气候变化似乎会对你的孩子们的生活产生更大影响。

21 世纪的故事主线是一场竞赛，竞赛双方分别是累积碳排放对气候系统日益增加的影响和人类迟到但在加速的用无碳能源替代化石燃料的努力。气候变化带来的一些重大影响是我们从未预见到的。例如，几十年前，有人认为气候变化对美国和加拿大大部分地区最重要的短期影响,仅仅是增温会导致一种深青棕色的破坏树木的小蠹(一种小害虫)种群数量激增。只有通过综合地、持续地理解气候的影响和清洁能源的转型,你才能知道气候变化可能会对你的家庭造成什么影响。本章将会探讨:①几个能够波及此书大部分读者的大而重要的气候影响;②未来你将会面对的几种选择。

气候变化将会如何影响未来沿海地区资产的价值?

　　受到气候变化的影响,美国和其他发达国家的沿海资产几乎都会崩溃。最近的科学研究表明这种情况将会很快发生。这种情况会对地区、国家和全球的经济产生深远影响。根据路透社所做的详细分析,仅在美国,距离海岸线 660 英尺以内的资产就高达 1.4 万亿美元。更糟的是,"部分地区数据不完整使得实际资产总值可能更高"。从全球来看,沿海地区资产总值将是以上数值的数倍。

　　2014 年到 2017 年间,大量的观测和分析显示,南极洲和格陵兰大部分地区的冰盖已经呈不稳定态,正在走向不可逆的崩溃状态,部分冰盖的减少量已经超过了可逆点。2015 年的一项研究发现，自 1990 年以来，全球海平面正在加速升高。2016 年的另一项研究发现，到 21 世纪末，南极洲本身就可能导致海平面上升 3 英尺以上。还有其他研究表明，美国东海岸海平面升高的速度比世界其他任何地方都要快，并且这种趋势将在 21 世纪继续维持。

最近的发现使得许多专家将海平面升高的预测值提高，并且得出结论：我们正接近过去预计的 21 世纪海平面升高的最大值区间（至少 4～6 英尺）。海平面升高对处在低洼地区的发展中国家来说是灾难性的，数千万人将被迫离开他们的家园向内陆迁移。海平面升高对发达国家来说同样也是灾难性的。美国国家海洋大气局 2013 年的一项研究发现，以目前科学家预测的海平面升高速度，直到 21 世纪中叶，美国新泽西州自大西洋城南部的沿海地区几乎每年都会发生"桑迪"级别的飓风。

最坏的情况甚至比之前所预测的结果更糟。詹姆斯·汉森是美国著名的且很有先见之明的气候学家。2015 年 7 月，由他带领的一批顶尖科学家发出警告：如果无法快速控制碳污染，2100 年之前海平面将升高 10 英尺。2017 年 11 月，来自美国 13 个联邦机构的科学家在一份报告中提到，在高排放情景

下，到 2100 年海平面上升超过 8 英尺是"可能的"，并且美国沿
海地区的海平面上升"可能会高于全球水平"。这份经过同行
评议的报告是美国国会授权的四年一次的国家气候评估报告
的一部分，并得到了白宫的批准。它还警告，2050 年以后，世
界海平面将以几乎无法想象的每 10 年 1 英尺的速度上升，
2100 年以后，将以每 10 年 2 英尺的速度上升。

迈阿密大学的海洋学家约翰·范里尔(John van Leer)完
全知晓这些情况，他担心未来有一天人们将不能再给房子买保
险或者把房子卖掉。里尔说："如果购房者不能给房子买保险，
他们就不能拿到房子的抵押贷款。如果他们拿不到抵押贷款，
房子就只能卖给现金买主。"在类似迈阿密这样的地方尤其如
此，这些地区一直存在海平面上升的隐患。佛罗里达州南部位
于一个广阔的多孔石灰岩高原上，因此那儿的海堤和沙坝对海
平面上升不会起到阻挡作用。

尽管存在海平面加速上升的事实，沿海许多地区的房价依
然增势迅猛。发达国家中，迈阿密是最易被增温引起的海平面
上升和风暴潮波及的地区之一。近年来，这里的房地产价值一
直在飙升。在 2016 年 11 月的一篇报道《气候变化事故可能淹
没沿海的房地产》中，《纽约时报》援引南迈阿密市市长菲利

普·斯托达德(Philip Stoddard)的警告称,"沿海抵押贷款正变成一个如同 2007 年的房地产市场一样大的泡沫。"他指出,当泡沫破裂时,它将永远无法恢复,但随着海平面的不断上升和风暴潮的愈演愈烈,价格将会持续下降。该报道指出,房产贬值的过程已经开始:"在全国范围内,洪灾风险高的地区的房价中位值仍比 10 年前低了 4.4%,而低风险地区的房价同期上涨了 29.7%。"

就其本身而言,美国似乎正处于一个超过 1 万亿美元的沿海房地产泡沫之中。佛罗里达州是归零地,由于"国家洪水保险计划覆盖,房地产通常在低于市场价格的范围内",故它以 4840 亿美元的价格领先全国。迈阿密地区过于平坦,即使海平面只上升 3 英尺,超过 1/3 的佛罗里达州南部地区将会消失;当海平面上升 6 英尺时,则消失面积将会超过一半。出于以上原因,迈阿密大学地质科学系主任哈罗德·万利斯(Harold Wanless)在 2013 年时曾说:"我无法想象在 21 世纪末,佛罗里达州东南部会挤满了人。"在 2014 年,他还曾说:"正如我们今天所知的,迈阿密注定要失败。这不是一个会不会发生的问题,而是一个何时发生的问题。"然而,熟悉佛罗里达州的灾难影响分析师查克·沃森(Chuck Watson)指出:"在国家层面上，没有任何这方面的严肃的思考和计划。他们的观点是，'好吧，如果真的很糟糕，联邦政府会帮助我们摆脱困境。'不容否认，这完全是错觉。"

未来10年或20年里，如果有破坏力巨大的飓风袭击迈阿密或坦帕市，美国联邦政府和纳税人或许会愿意帮助佛罗里达州人民脱离困境。然而，他们不太可能会持续这样做，因为海平面显然会继续上升，而灾难性的风暴潮会变得司空见惯。因而在某种程度上，佛罗里达州人民几乎无法购买洪水保险，所以有能力购买沿海地区房产的，只能是那些足以承担下次风暴时投资全部损失殆尽的结果的使用现金购买房产的富人。

一旦房屋失去了保险，或者政府认为把资金用于反复重建或维护海岸线已经失去意义时，沿海地区的房产价值几乎肯定会崩溃。例如，东海岸许多致力于减少海平面升高和风暴潮危害的组织，目前都在通过用大量沙石加固海岸的方式加固海滩和减缓海水侵蚀。美国联邦政府目前承担了这项花费的2/3。2015年3月的一篇研究文章总结道："早先提出的联邦政府维护补贴突然停发会引发沿海房地产价值的大幅下跌，类似于泡沫的破裂。"此文中所用的模型表明，政府突然撤资如果发生在现在，将会造成房产值下跌17%～34%，并且如果在一二十年内发生政策变化(现在看来这是不可避免的),将会带来更大幅度的房产价值下跌。

那么,沿海经济什么时候会崩溃? 具体时间是不确定的,因为这将会由未来几十年纽约州、新泽西州、南佛罗里达州或新奥尔良市遭受的某一次"桑迪"级别的风暴潮袭击引发。沿海经济的崩溃不需要等到海洋淹没掉一片区域。海平面上升和持续的灾难性风暴潮会侵袭沿海地区,当精明的商人意识到所有挽救这些地区的努力都是在浪费时间时,经济就会崩溃。到目前为止,气候变化的关键知识我们还不甚了解。如果我们已经知道了,如此多的沿海地区的基础设施建设和房产价格的上涨就不会发生。据《纽约时报》2014 年报道,南极洲和格陵兰地区冰盖的不稳定性可能导致"海平面大幅度上升,使人类不得不离开很多沿海城市"。最近对南极洲和格陵兰地区冰盖不稳定性的观测表明,我们距离沿海经济崩溃的临界点比之前认为的更接近。

2016 年,抵押贷款巨头房地美(Freddie Mac)的首席经济学家肖恩·贝克蒂(Sean Becketti)警告称,如果卖家开始蜂拥而出,沿海地区的房价可能会开始暴跌。"一些居民会提前套现,使损失最小化,"他说,"而其他人就不会这么幸运了。"彭博

新能源财经在 2017 年 4 月的一篇名为《佛罗里达沿海房主的
噩梦场景》的文章中也提出了同样的观点："在海洋吞噬第一所
房子之前,需求和融资可能会先崩溃。"

这些事情对你来说意味着什么?几乎可以肯定沿海经济
发展将在未来 10 年左右达到峰值。现阶段购买沿海资产作为
长期投资是对科学的无视。作为个人,你可以考虑继续持有沿
海资产是否合理,但是如果你们全家正在计划未来某一天卖掉
这些沿海资产,你一定希望躲过资产泡沫破裂,不管你预计泡
沫破裂什么时候会发生。

**气候变化如何影响未来几十年内人们对居住和养老地点的
选择?**

很多退休的人,尤其是在发达国家,会选择退休后居住在
温暖或沿海的地方,或是到既温暖又沿海的地方生活。然而,
对计划未来一二十年内退休的人们来说,除非你非常富有,足
以承担所有投资都损失殆尽这样的结果,否则投资沿海财产可
能不会是一种明智的选择。许多退休人士会选择相对温暖和
干燥的地方生活,比如地中海沿岸或美国西南地区。然而由于

海平面的上升,地中海沿岸将不会是一个好的选择。根据目前的研究,全球所有温暖的半干旱气候区(通常称为亚热带地区)未来都会变得炎热而干旱。这些地区将会逐渐沙漠化,水资源会越来越稀缺、越来越昂贵,从而导致淡水配给的失衡。如果我们还不迅速推进升温 2 ℃以内的温室气体排放路径,这一切将会成为现实。

　　最终,最适宜居住的地点既不是沿海地区,也不是半干旱地区,也不是现在已经很炎热的地区。由于世界上很多地区最

沙漠地区
Photo by Andrew DesLauriers on Unsplash

终都会面临无法为居民提供充足的食物和淡水的问题,因此拥有相对充足的淡水和耕地的地区似乎会是退休后居住地的最佳选择。到 2050 年之前这些地区也是最适宜人类居住的地方,包括美国中西部的北部、北欧,以及其他类似的地区。聪明的投资者想必会在一二十年内发现这一点。也就是说,在气候变化的背景下,没有一个地点有资格成为"赢家"。好多人认为俄罗斯将会是全球变暖的受益者。2010 年夏季发生的灾难性热浪证明,事实并非如此,在那次热浪中,数万俄罗斯人死亡,整个国家不得不将所有的粮食出口暂停一年,这使得食物价格猛涨。

我认为没有任何人可以断定,人口迁徙方向(例如美国当前从北至南的迁徙)会在何时逆转,或者飞涨的物价会在何时变得司空见惯。然而,这些变化是不可避免的。为这种结果提前谋划的人将会占得先机。

如果学生们想在未来地球越来越暖的情况下找到好工作,他们现在应该学习哪些知识?

在未来的几十年里,越来越多的资金、资源和人力将会被投入:①适应那些我们未能阻止的气候变化;②阻止气候变化朝着更坏的方向发展。气候变化以及人类应对气候变化的措施会创造价值万亿美元的新产业,包括低碳能源、高效能源、可持续农业和其他各种可能的适应性产业。想要在碳排放受到约束的世界里就业的学生们,如果从现在就开始学习这些知识并做出计划,未来他们就会有很多选择的余地。

气候变化这个客观事实使得经济不可避免地向高效率、低碳型转变。要讨论的问题只是"转型有多快?"中国已经做出使用清洁能源的重大承诺,在欧盟、美国大部分州和很多其他国家,这种转型也已经相继开始。对清洁能源的投资已经达到每年几千亿美元,大概 10 年后将会达到每年 1 万亿美元,再过一二十年则会再次翻倍。因此,社会对各类工程师、研究者和企业家的需求量将会很大。从建筑业、工业到交通运输业等各个行业,对具备太阳能和风能、能源储备、电动汽车,以及能源效率方面专业知识的人才的需求量也会很大。这些项目将会需要融资和法律合同等。其中很多项目也会需要建筑师和城市规划师。因此,在譬如可持续性建筑或绿色金融方面具有良好的教育和经验是非常有用的。

虽然向低碳经济的转型不可逆且正在加速,但人类要阻止灾难性气候增暖还有很长的路要走，更不必说具有危险性的增暖。因此，在经济转型的重要环节中将会有对应的大量投资。在气候加速变化的背景下，2050 年之前为 90 亿或更多的人提供食物和淡水，将会成为人类迄今为止所面临的最大挑战。因此，我们会需要可持续农业、海洋生物学、农学、水文学等方面的专家。不断上升的海平面和风暴潮的叠加意味着所有我们还没放弃的沿海区域都需要被保护起来。所以，海堤和河堤产业将会逐渐繁荣。由于 21 世纪末之前海平面上升速率可能达到每 10 年 1 英尺，港口和其他重要的海岸基础设施必须全部重新建设。气候会变得越来越炎热，所以空调产业将会继续繁荣。

当学生还在思考他们对什么专业领域（例如，理学、工程学、法律、设计、医学和健康、传媒等）感兴趣和有天赋时，我建议他们同时尽可能多地学习有关气候科学及其应对措施方面的知识。随后，我鼓励他们去发现这两个领域的交叉部分。例如，一个医生可能是热带病专家，因为很多热带疾病不再仅仅出现在热带地区，或者他可以成为一个热相关疾病的专家。而且，医生可以选择去泌尿科，因为更加炎热的环境意味着更高的脱水或肾结石发病率。重点是，全世界将以一种既容易又不容易想象的方式进行转变。你知道得越多,并且把你的想法更多地与你知道的事情结合起来,你就更容易被雇用且更具有适应能力。

气候变化是否会影响你对未来的投资?

显然,某些投资比其他投资更具风险,并且风险越来越大。一个显著的例子是沿海资产。我在第 6 章讨论过的一项研究指出:"为了达到只增温 2 ℃ 的目标,全球 1/3 的石油储量、1/2的天然气储量、超过 80% 的煤炭储量在 2010 年至 2050 年之间应该保持不被开采利用。"我们对化石燃料的使用完全可能超过上述水平,全球增温将会超过 2 ℃。甚至我们很可能会用尽目前已知的所有化石燃料储备,这意味着全球增温将超过 6 ℃,不可逆、毁灭性的气候变化将使地球无法养活 10 亿人口。这也意味着:①地球最终会有大面积区域不能居住或不能耕种;②海洋中会有大量的物种灭绝,死区逐渐增多。

如果你认为人类足够聪明,可以把很大一部分化石燃料继续留在地下,那么这就意味着在未来几十年内,价值数万亿美元的资源储备会变得毫无价值。在那种情况下,经营化石燃料以及服务于化石燃料行业的公司的产值必然被高估了。他们自己制造的泡沫终将破裂。这是否会影响你的投资决策？美国和世界各地越来越多的重要组织正在放弃对化石燃料项目的投资，原因或许是他们认为这些投资是"错误的"，或许是他们认为这些行业的泡沫终会破灭，或许是二者都有。此外，越来越多的金融机构和财务顾问都在给想避免这种风险的人们提供其他投资组合的建议。

对可能的"赢家"进行投资，同样存在风险。一个公司可能恰好经营正确的业务（例如，太阳能、海堤、抗旱作物），但是依然会因为管理不善，或者其竞争对手的产品更好而走向破产。因此，我在这里不推荐具体的公司。如果你很看重理性（或多元化）投资，那么多了解气候变化的知识及其应对措施一定会给你带来优势。

如何减少你的碳足迹？

你可能会决定做一些事情减少自己对气候的影响，或许出于你觉得这是一件正确的事情的想法，抑或你想为这一大多数人最终都会做出的转变积累一些经验。为了减少你所在家庭的碳足迹（你的购买行为和选择所造成的总温室气体排放量），现在，我们对你当前以及不远的将来可以为减少碳足迹做的最主要的事情进行一个简短的讨论。

对你的碳足迹贡献最大的是你的房子、交通工具、生活用品和饮食。从现在起，为了减少房屋的碳足迹，你可以做的最重要的一件事，就是在屋顶安装一个太阳能电池板。在越来越多的地方，公司可以免费为你安装。这种情况下，你只需要租用一组太阳能电池板，而且公司正努力把月租金降至低于原来

等待乘机的行人
Photo by Robert Bye on Unsplash

消费者购电的花费。因此，如果你居住的地方是这样的情况，这将会是一个很好的选择，即使居住地和补助政策的不同可能使得其他选择看上去更经济。如果不能安装自己的太阳能系统，你应该搞清当地的公用事业单位或其他的社会服务提供商是否出售零碳排放的电能，比如新兴的风力发电。你应该让你的房子更加节能。大多数公用事业公司提供能源审计服务，从而帮助你确定怎样使能源利用效率最大化，也有很多公用事业公司为照明节能和家用电器节能较多的家庭提供返现和补助。

在出行的排放量上，你可以做到的最基本的事情就是减少乘飞机的次数。如果你和家人每年乘飞机出行超过一次，这可能就是单次碳排放量最大的贡献者。几乎可以肯定，开车去度假地点比坐飞机去所产生的碳排放要少得多。火车是所有交通工具中碳排放量最低的。如果确实需要经常乘坐飞机，你可能可以选择"补偿"这些排放量，很多旅行网站和航空公司已经提供了这项服务。但是许多这种所谓的补偿措施只是给现有的清洁能源设施提供资金，而不为新建低碳基础设施提供资金。因此，如果补偿款很少的话，这实际上并不能补偿很多新的排放量。

减少交通碳排放的另一个关键是你的个人交通工具。如果你可以在一些时间选择远程办公,或者乘坐公共交通工具或骑自行车上下班,就一定会减少很多的碳排放。对于必要的开车出行,现在你主要可以做的就是购买能满足你需求的最省油或是高里程的车。

最后,你还可以考虑选择日益常见的插电式混合动力汽车和纯电动汽车来减少交通碳排放量。如果你生活在类似美国加利福尼亚州这样的地区或者类似丹麦这样的国家,这种方式尤其奏效,因为这些地方的电力供应所产生的碳排放远少于其

骑自行车出行可减少碳排放
Photo by Annie Spratt on Unsplash

他州和国家。在未来几年里,随着电池价格的持续下跌,以及越来越多主要的汽车公司推出可以快速充电和单次充电里程达到200英里的电动汽车,购买电动汽车会成为更多人的选择。未来,电动汽车和家用太阳能电池板(也可能是家用蓄电池)的组合可能会是一种性价比很高的零排放解决方案。

在很长一段时间内,氢燃料电池汽车不太可能会是一种减少交通温室气体排放量的实用而且高性价比的交通工具。福特汽车公司曾经表示,氢燃料电池汽车需要大量的技术突破才能最终被推向市场。而且,还需要成百上千个提供人们买得起的无碳氢(而不是来自天然气中的氢)的燃料站。最后,氢燃料电池汽车的使用还必须以满足你需求的电动汽车还未出现为前提,因为在等量无碳电力前提下,电动汽车的行驶里程大约是氢燃料电池汽车的3倍。

最后我要说的是,你所购买的任何物品当中都含有碳,二氧化碳产生于物品原材料中,产生于制造过程中,也产生于运输过程中。上一章中提到过,物理学家索尔·格里菲思通过计算得到"我们使用的能源的1/4存在于废物里面"。最终,你购买的每样东西都增加了你的碳足迹。一般来说,制作一件商品的原材料越多,它的价格就越昂贵,在它的制造过程中和送到

你手里的过程中排放的温室气体就会越多。因此,如果你想要
减少你的家庭碳足迹,记住一句格言:"小即是好"。

改变饮食结构在减少你的碳足迹当中起到什么作用?

如果你的饮食中富含动物蛋白,可以通过摄入植物性食物
来代替部分或所有的动物性食物,从而有效减少你的温室气体
排放量。如果你的饮食包含大量的富含碳的动物蛋白(包括羔
羊肉、牛肉和奶制品),这种方法尤其奏效。全球平均每生产含
1 单位蛋白质的牛肉所产生的温室气体比生产豆制品的高出
100 多倍。

根据 2014 年世界顶尖科学家对相关科学文献的调查,世
界上种种减少肉类和奶制品摄入的饮食方式,"相较'习以为
常'的饮食方式,温室气体排放量减少了 34%～64%"。此外,
如果全球都采用哈佛医学院提出的"健康食谱",即每人每天摄
入的肉类、鱼类、蛋类不超过 90 克,那么避免灾难性变暖的成
本就会降低 50%。

相比其他减少碳排放的方法,这对于你和你的家庭来说显
然是更易行的一种。而且很多研究指出肉类摄入较少的饮食

习惯更加健康。正如之前讨论过的,如果本书中提过的某些照常排放情景下的预测真的发生了,在 2050 年之后,全球就会损失 1/3 的最适宜耕种的土地,这些土地将变得永久干旱和黑色风暴化。与此同时,肥沃的三角洲存在土地酸化和海水倒灌的问题,这将会影响更多食物的原产地。面对这种毁灭性的气候,我们不得不思考如何养活另外 30 亿人口。不可能有充足的耕地和淡水来维持西方人爱吃肉食的饮食习惯。在物价上涨、政府政策和社会舆论压力这些因素的综合作用下,人类为了避免大规模饥荒采取的措施可能会带来人们饮食习惯的变化。

在气候变化证据越来越多的情况下,与始终不相信气候变化的人进行讨论的最好方式是什么?

　　读过这本书之后,关于气候变化你会比周围的人了解得更多,除非你在美国国家航空航天局或者国际能源署这样的地方工作。由于有关气候变化的国内、国际对话越来越多,并且有世界范围内重要人物(例如方济各)的参与,你可能会遇到不了解基本气候知识的人或是并未正确了解气候变化的人。尤其是目前还有一些否认人为因素导致气候变化的错误理论广为流传。这些错误理论的流行主要源于两个原因:第一,那些理论的大部分在虚假信息宣传活动中被反复提及;第二,那些理论表面上看似乎很有道理。

任何想和朋友、家人或同事谈论气候变化的人,都应该花时间浏览一下这个名为"科学怀疑"的网站。科学怀疑网站(skepticalscience. com)跟踪和揭示最为流行的气候科学方面的错误理论。网站提供对所有错误理论的简要和详细的回应,包括具体科学文献的引文和链接,甚至还有相应的手机应用程序。此外,该网站还提供基于社会科学文献分析的最佳策略,以方便我们进行有效沟通。经过授权,我会利用网站下面的方法(经过一定修改)来表达自己关于错误理论的简单回应和你最可能关心的问题。

(1)**"气候已经变化过了"**或**"气候一直在变化"**。这一论断实际上是正确的,但是它隐含的意思是,在人类诞生以前气候就已经开始变化,因此人类不能够导致气候变化。这是一种逻辑错误,就像不吸烟的人也会得肺癌,因此吸烟不能导致肺癌这种说法一样。事实上,气候学家如今一致认为,人为温室气体排放正在改变气候,就像吸烟有害健康也被认同一样。主要的观点是,气候是在其受到外力强迫时发生变化。对过去气候的科学分析表明,温室气体尤其是二氧化碳支配了大多数古代气候变化。这一结论的证据存在于地质编录里面。当今,人类正在通过二氧化碳排放强迫气候更加迅速地变化,而现在的气候变化速度比过去几千年气候相对稳定时期(现代文明尤其是现代农业得以形成的时期)的 50 倍还要快。

(2) **"增温已经停止、暂停或减缓。"**事实上,到 2015 年打破纪录前,2014 年是有记录以来最热的一年,随后的 2016 年又打破了 2015 年的纪录(即使没有厄尔尼诺现象的推动,2017 年也是有记录以来最热的一年)。过去 20 年的增温速率与过去 40 年到过去 20 年间的增温速率相等。而且对地球热含量的长期观测表明,地球依旧在累积热量。在世界的各个角落全球变暖仍在发生,特别是海洋,有超过 90% 的人类碳污染产生的多余热量储存在海洋中。

(3) **"人为导致的增暖没有达成科学共识。"**实际上,我们所强调的人类引起全球变暖的观点,是基于 80 个国家的科学院以及很多研究气候学的科学组织所得出的共同结论。需要特别指出的是,同行评议学术文献调查和专家一致意见表明,人类正在导致全球变暖是一个在科学界有 97%～98% 的共识度的论断。

(4)"**最近的增温是因为太阳活动的变化。**"事实上,在过去全球变暖的 35 年内,太阳和气候正在朝着相反的方向变化,太阳表现出轻微的变冷趋势。太阳的变化可以解释 20 世纪全球温度的部分增温,但是只占很小的比重。世界顶尖科学家做出的判断是,人类应对自 1950 年以来的所有增暖现象负责。

(5)"**气候变化不会有坏处。**"正如本书中详细阐述的学术文献所表明的,全球变暖对农业、环境和公共健康的负面影响远远超过其任何正面影响。增暖每增加 1 ℃带来的气候影响会越来越恶劣,增暖 2 ℃的影响是十分有破坏性的,增暖4 ℃的影响是毁灭性的,增暖 6 ℃的影响则几乎是无法想象的。

(6)"**气候模式可信吗?**"与此相关的问题是"既然我们无法预测几周后的天气,那么如何能预测几十年后的气候?"虽然气候模式存在不确定性,但是却能成功地重现过去的气候,并做出被随后的观测证实的预测。长期天气预报之所以困难,是因为在任一给定的时间段内,未来几个月或几年后的某一天,其温度可能在几十华氏度甚至几十摄氏度内变化。类似的是,在任一给定的一天可能会有洪水也可能无降雨。天气是特定时间和地点下的大气状况,冷还是热?降雨还是干旱?

晴还是多云？气候则是这些天气状况的长期(例如数十年)的统计平均情况,热带气候还是极地气候？热带雨林还是沙漠？由于气候是一个长期平均值,所以准确预测气候要容易得多。在一年内的几乎每个月份,格陵兰都将会比肯尼亚寒冷许多。几乎全年时间内,亚马孙地区都将比撒哈拉沙漠地区更加湿润。

(7)"地面温度记录可信吗?"使用不同软件、不同方法、不同数据集的各自独立的研究得出了相似的结论。自1975 年开始的气温增加趋势是所有重建温度序列的共同特征。这种增加不能用气候调整过程的假象、温度测站的减少,或其他非气候因素来解释。自然温度测量也证实了仪器温度记录的普遍准确性。

(8)"南极洲的冰量会增多吗?"卫星观测表明,南极洲正在加速失去陆源冰,这使得很多科学家提高了他们对21 世纪海平面升高的预测。那么,为什么尽管南大洋有强烈的增暖,而南极洲的海冰却在增多呢? 2014 年美国国家冰雪数据中心对此做出说明:科学家对此问题的最佳解释是,这"可能是由改变的风场,或最近来自更暖的深层海洋的融化冰盖移到了南极大陆沿岸造成的……融化的冰水更新和冷却了深层海洋,并且导致南极大陆周围表层海洋变冷,从而创造了利于海冰形成的条件"。值得注意的是,2016 年末,南极海冰开始迅速缩小,并在 2017 年初创下历史新低。南极洲周围海域一系列前所未有的风暴似乎是打破相对较薄(3英尺)的海冰的主要因素。在《华盛顿邮报》2015 年的一篇文章《南极海冰已不再是气候怀疑论者的宠儿》中,美国国家冰雪数据中心主任马克·塞瑞兹(Mark Serreze)引述道:"关于南极海冰为什么也处于历史最低点,确实有很多疑问,但是我们不能否认事实,事情已在发生变化,而且变化很快。"

(9)**"科学家不是推测出 20 世纪 70 年代出现过的冰期吗?"**你们所听说的对 20 世纪 70 年代冰期的推测,主要是源自流行媒体中极少数文章的说法。大多数经过同行评议的研究工作都预测出,在那段时期,存在由二氧化碳增多引起的增暖。

在一位不承认气候科学的美国总统的领导下,我们还有时间来保护适宜人类生存的气候吗?

我们当然还有时间去避免气候变化的最坏影响,在过去一年里我个人对于人类改变气候的可能性保持更加乐观的态度。

的确，如果你只关注最新的气候科学和与之相关的政治领导力的缺乏问题，你就会陷入绝望和悲观，甚至自我否认中。但即使对于悲观主义者来说，如果你在日常生活中从不考虑气候变化问题，这对于你和你的家庭来说也是一种失败的策略。你知道得越多，对未来做出的计划就会越好。

最近出现了很多积极信号。例如，世界各主要国家都已做出了公开承诺，即扭转温室气体排放趋势。2015 年 6 月，我来到中国，与从事清洁能源和气候研究的官方和非官方的资深专家进行交谈后，发现中国领导人正在认真解决污染空气净化、气候目标达成，以及无碳能源快速配置等问题。2015 年 12 月的《巴黎协定》是世界上所有领先国家首次一致同意将温室气体排放限制在一定水平，以避免危险的气候影响的协定。

是的，要使全球变暖保持在增温 2 ℃这一阈值之下，我们仍然需要做出更大的努力。越来越多的顶级科学家告诉我们，我们不能越过这个阈值，在 21 世纪余下的时间里，世界各国仍需每 5 年重申加强履行其温室气体减排承诺，以实现维持适宜居住的气候所需的"低于 2 ℃"的目标。目前，我们已经集体开始采取必要的行动来尽力实现这种可能性的目标，尽管这种可能性微乎其微。

另一个积极的信号是,避免灾难性增暖所需的关键技术(太阳能、风能、节能照明、高级电池等)的价格已经出现了稳定和某种程度上的下降。价格下降的同时,产品的性能有稳步提升。或许在过去你会认为气候行动太过昂贵,但是现在不会再有这种问题的存在了。美国顶尖科学家、能源专家以及政府都已经很详细地说明,即使是最大型的气候行动也是非常廉价的。

尽管如此,2016 年美国总统特朗普的当选意味着"保护气候全球行动"将遭遇严重挫折,因为特朗普已经开始兑现他的竞选承诺,即逆转美国的气候政策,并退出《巴黎协定》。全世界都没有注意到气候学家发出的近 30 年来最强烈的警告,我们根本没有时间浪费了。因此,世界上最富有的、世界第二大碳排放大国在气候行动上变得反常,这意味着"远低于 2 ℃"的目标将会更加难以实现。的确,如果特朗普或另一个强烈反对"保护气候全球行动"的人赢得 2020 年的总统大选,那么实际上,维持在 2 ℃ 以下的可能性几乎会消失。

也就是说,关于"我们还有时间来保护适宜居住的气候吗?"这个问题,对于现在而言答案是肯定的。事实上,作为对特朗普行为的回应,包括中国、印度和欧盟各国在内的世界主要国家重申了它们对《巴黎协定》的承诺,并承诺将加倍采取行动。在美国,加利福尼亚等州,以及无数的城市和大公司,也承诺将遵守《巴黎协定》。

同样重要的是,即使保持在增温 2 ℃ 以下的水平也已经超出了我们所能承受的范围——我们仍然必须努力使增温尽可能地接近 2 ℃,而不是简单地让它增温 3 ℃ 甚至更高,否则在未来的几个世纪里,将给数十亿人带来前所未有的灾难性的后果。无论是 2020 年、2030 年,还是 2040 年,应对日益恶化的气候变化的最佳策略都将包括尽可能快地减少全球温室气体排放。

最后,我建议所有需要动力接受和应对我们在未来几年面临的气候挑战的人们,都去阅读教皇方济各在 2015 年 6 月发表的 195 页的气候通谕,该通谕促成了一场关于气候行动的道德紧迫性的全球辩论。方济各的核心思想很简单:"我们必须重拾一种信念,即我们需要彼此,我们对他人和世界负有共同的责任,我们应该让世界变得更美好。"

注释

1. Thompson, L. (2010, Fall). Climate change: the evidence and our options. *Behavior Analyst*. https://www.ncbi.nlm.nih.gov/pmc/articles/PMC2995507/.

2. Jevrejeva, S., et al. (2014). Upper limit for sea level projections by 2100. *Environmental Research Letters*, Vol. 9; Shepherd, A., et al. (2013). A reconciled estimate of ice-sheet mass balance. *Science*; *NASA Science News*. (2012, July 24). Satellites see unprecedented Greenland ice sheet surface melt; Hickey, H., & Ferreira, B. (2014, February). Greenland's fastest glacier sets new speed record. *UWToday*; Alfred Wegener Institute news release. (2014, August). Record decline of ice sheets; McMillan, M., et al. (2014, June). Increased ice losses from Antarctica detected by CryoSat-2. *Geophysical Research Letters*; NASA news release. (2014, May

12). NASA-UCI study indicates loss of West Antarctic glaciers appears unstoppable; American Geophysical Union news release. (2014, December). West Antarctic melt rate has tripled; Kopp, R. , et al. (2016). Temperature-driven global sealevel variability in the Common Era. *Proceedings of the National Academy of Sciences.*

3. Balmaseda, M. , et al. (2013, May). Distinctive climate signals in reanalysis of global ocean heat content. *Geophysical Research Letters*; Durack, P. , et al. (2014). Quantifying underestimates of long-term upper-ocean warming. *Nature Climate Change.*

4. Cook, J. 10 Indicators of a human fingerprint on climate change. www. skepticalscience. com /10-Indicators-of-a-Human-Fingerprint-on-Climate-Change. html.

5. Broecker, W. , (1995, July). Cooling the Tropics. *Nature.*

6. Dessler, A. , et al. (2008, October). Water-vapor climate feedback inferred from climate fluctuations, 2003-2008. Geophysical Research Letters; Tripati, A. (2009). Cou-

pling of CO_2 and ice sheet stability over major climate transitions of the last 20 million years. *Science*; Zeebe, R. , & Caldeira, K. (2008). Close mass balance of long-term carbon fluxes from ice-core CO_2 and ocean chemistry records. *Nature Geoscience*.

7. National Science Foundation Press Release. (2013, March). Earth is warmer today than during 70 to 80 percent of the past 11,300 years.

8. Conway, E. (2008, December). What's in a name? Global warming vs. climate change. NASA.

9. U. S. EPA. (2014). Greenhouse gas emissions.

10. Rahmstorf, S. (2013, November). Global warming since 1997 underestimated by half. www. realclimate. org.

11. Foster, G. , & Rahmstorf, S. (2011, December). Global temperature evolution 1979-2010. *Environmental Research Letters*; Tollefson, J. (2013, August). Tropical ocean key to global warming "hiatus. "*Nature News*.

12. Solomon, S. et al. (2009). Irreversible climate change due to carbon dioxide emissions. *Proceedings of the Na-*

tional Academy of Sciences; Hickey, H. (2014, May). West Antarctic ice sheet collapse is under way. *UWToday*; Rahmstorf, S. (2013). Sea-level rise: where we stand at the start of 2013. www. realclimate. org.

13. Rupp, D. , et al. (2012). Did human influence on climate make the 2011 Texas drought more probable? *Bulletin of the American Meteorological Society*; National Center for Atmospheric Research. Record high temperatures far outpace record lows across U. S. *AtmosNews*, November 2009; UK Met Office Hadley Centre. Climate risk: an update on the science, 2014.

14. Masters, J. (2011, June). 2010-2011: Earth's most extreme weather since 1816? *Weather Underground Blog*. Retrieved from www. wunderground. com / blog / JeffMasters; National Weather Service news release. (2010, May 18) May 1 &. 2 2010 Epic Flood Event for Western and Middle Tennessee. www. srh. noaa. gov / ohx / ? n＝may2010epicfloodevent.

15. Sallenger, A. Jr. , et al. (2012). Hotspot of accelerated

sea-level rise on the Atlantic coast of North America. *Nature Climate Change*.

16. Rahmstorf, S. , &. Coumou, D. Extremely hot, March 26, 2012. Retrieved from RealClimate. org; Hansen, J. , et al. (2012, August). The new climate dice: public perception of climate change. NASA News Brief. www. giss. nasa. gov / research / briefs / hansen_ 17; Popovich, N. &. Pearce, A. (July 28, 2017). It's Not Your Imagination. Summers Are Getting Hotter. *New York Times*.

17. Griffin, D. , &. Anchukaitis, K. (2014, December). How unusual is the 2012-2014 California drought? *Geophysical Research Letters*; U. S. Geological Survey news release. (2011, June 9). USGS study finds recent snowpack declines in the Rocky Mountains unusual compared to past few centuries; U. S. Geological Survey news release. (2013, May 13). Warmer springs causing loss of snow cover throughout the Rocky Mountains; Chan, D. &. Wu, Q. (2015, August). Significant anthropogenic-induced changes of climate classes since 1950. *Nature*

Scientific Reports; National Center for Atmospheric Research news release. (2016, February 4). Southwest dries as wet weather systems become more rare.

18. Vose, J. , et al. (Eds.) (2012). Effects of climatic variability and change on forest ecosystems: a comprehensive science synthesis for the U. S. forest sector. U. S. Forest Service; Abatzogloua, J. & Williams, A. (2016, October 18). Impact of anthropogenic climate change on wildfire across western US forests. *Proceedings of the National Academy of Sciences*.

19. National Climate Assessment. nca2014. globalchange. gov / downloads.

20. Changnon, S. , et al. (2006, August). Temporal and spatial characteristics of snowstorms in the contiguous United States. *Journal of Applied Meteorology and Climatology*; Madsen, T. , & Willcox, N. (2012, Summer). When it rains, it pours: global warming and the increase in extreme precipitation from 1948 to 2011. Environment America Research & Policy Center; National

Oceanic and Atmospheric Administration chart. www. ncdc. noaa. gov / extremes / cei / graph / ne / 4 / 10-03; Alfred Wegener Institute news release. (2012, January). New study shows correlation between summer Arctic sea ice cover and winter weather in Central Europe; Radford, T. (2014, September). Less snow under global warming may not halt blizzard hazard. *Scientific American*.

21. Emanuel, K. (2015, March 18). Severe tropical cyclone Pam and climate change. www. realclimate. org; Grinsted, A. , et al. (2012). Homogeneous record of Atlantic hurricane surge threat since 1923. *Proceedings of the National Academy of Sciences*; Graumann, A. , et al. (2005, October). Hurricane Katrina, a climatological perspective. National Climatic Data Center. (Updated August 2006.); Grinsted, A. et al. (2013, April). Projected Atlantic hurricane surge threat from rising temperatures. *Proceedings of the National Academy of Sciences*; Fraza, E. & Elsner, J. (2015). A climatological

study of the effect of sea-surface temperature on North Atlantic hurricane intensification. *Physical Geography*；Lee, C. , et al. (2016, February). Rapid intensification and the bimodal distribution of tropical cyclone intensity. *Nature Communications*.

22. Satellite data reveal the rapid darkening of the Arctic. (2014,February 17). Scripps News.

23. Francis, J. , & Vavrus, S. (2015, January). Evidence for a wavier jet stream in response to rapid Arctic warming. *Environmental Research Letters*；Duke Environment News. (2010, October 27). Increasingly variable summer rainfall in southeast linked to climate change；Morello, L. (2011, December 8). NOAA chief calls storm-ridden 2011 "a harbinger of things to come. " *ClimateWire*；Munich Re press release. (2012, October 17). North America most affected by increase in weather-related natural catastrophes；National Oceanic and Atmospheric Administration news release. (2012, October 10). Arctic summer wind shift could affect sea ice loss

and U. S. / European weather, says NOAA-led study;
Jet Stream. Wikipedia entry; Potsdam Institute for Climate Impact Research news release. (2014, August 12).
Trapped atmospheric waves triggered more weather extremes; Messer, A. (2017, March 27). Extreme weather events linked to climate change impact on the jet stream. *Penn State News*.

24. National Oceanic and Atmospheric Administration news.
(Updated 2012, March 20) 2011 tornado information;
Markowski, P. , & Brooks, H. (2013, December 5).
Letter to the editor. Global warming and tornado intensity. *New York Times*; Elish, J. Florida State news release. (2013, September 5). Researchers develop model to correct tornado records; Oskin, B. (2013, December 11). Stronger tornadoes may be menacing US. Live Science. com; Agee, E. , et al. (2016, August). Spatial redistribution of U. S. tornado activity between 1954 and 2013. *Journal of Applied Meteorology and Climatology*; Tippett, M. , et al. (2016, December 16). More tor-

nadoes in the most extreme U. S. tornado outbreaks. *Science*.

25. National Science Foundation News. (2013, May 9). Climate record from bottom of Russian lake shows Arctic was warmer millions of years ago; UCLA Newsroom. (2009, October 8). Last time carbon dioxide levels were this high: 15 million years ago, scientists report; Sluijs, A. , et al. (2006, June). Subtropical Arctic Ocean temperatures during the Palaeocene / Eocene thermal maximum. *Nature*.

26. Pearce, F. (2005, August 11). Climate warning as Siberia melts. *New Scientist*; National Center for Atmospheric Research news release. (2005, December 19). Most of Arctic's near-surface permafrost may thaw by 2100; Schaefer, K. , et al. (2011, April). Amount and timing of permafrost carbon release in response to climate warming. *Tellus B*; National Snow and Ice Data Center newsroom. (2011, February 16). Thawing permafrost will accelerate global warming in decades to come, says

new study; Commane, R. (2017, May). Carbon dioxide sources from Alaska driven by increasing early winter respiration from Arctic tundra. *Proceedings of the National Academy of Sciences*.

27. Kelly, R. (2013, August). Recent burning of boreal forests exceeds fire regime limits of the past 10,000 years. *Proceedings of the National Academy of Sciences*; University of Guelph news release. (2015, January 6). Peat fires—a legacy of carbon up in smoke; study; Page, S. (2002, November). The amount of carbon released from peat and forest fires in Indonesia during 1997. *Nature*; Tan, K. (2014, November, 19). Burning an ecological treasure to extinction. *Jakarta Post*; NASA news release. (2012, August 28). Record temperatures and wildfires in Eastern Russia; University of Guelph news release. (2011, November 1). Drying intensifying wildfires, carbon release ninefold, study finds.

28. World Meteorological Organization. (2014, September).

Record greenhouse gas levels impact atmosphere and oceans; Booth, B. , et al. (2012, April). High sensitivity of future global warming to land carbon cycle processes. *Environmental Research Letters*; Gruber, N. (2011, April) Warming up, turning sour, losing breath: ocean biogeochemistry under global change. *Royal Society Philosophical Transactions A*.

29. Jevrejeva, S. , et al. (2014, October). Upper limit for sea level projections by 2100. *Environmental Research Letters*; Bamber, J. L. , & Aspinall, W. P. (2013, January). An expert judgement assessment of future sea level rise from the ice sheets. *Nature Climate Change*; Hickey, H. (2014, May). West Antarctic ice sheet collapse is under way. *UWToday*; University of California, Irvine news release. (2014, May 18). Greenland will be far greater contributor to sea rise than expected; Helm, V. , et al. (2014, August). Elevation and elevation change of Greenland and Antarctica derived from CryoSat-2. *The Cryosphere*; Geggel, L. (2015, March 18).

Hidden channels beneath East Antarctica could cause massive melt. Retrieved from LiveScience. com; Rahmstorf, S. (2015, March 23). What's going on in the North Atlantic? RealClimate. org; Harvard University news release. (2015, January 14). Correcting estimates of sea level rise; Neumann, B. , et al. (2015, March 2015). Future coastal population growth and exposure to sea-level rise and coastal flooding—a global assessment. *PLoS One*; Folger, T. Rising seas. (2013, September). *National Geographic*; Goodell, J. (2013, June 20). Goodbye, Miami. *Rolling Stone*; World Bank News. (2015, February 17). Salinity intrusion in a changing climate scenario will hit coastal Bangladesh hard; Friedman, T. (2013, July 6). Can Egypt pull together? *New York Times*; Aitken, A. et al. (2016, May 18). Repeated large-scale retreat and advance of Totten Glacier indicated by inland bed erosion. *Nature*; Lamont-Doherty Earth Observatory news (2016, December 7). Most of Greenland ice melted to bedrock in recent geologic past, study says; Milman, O. (2016, October 5). "Hurricanes will worsen as planet warms and sea levels rise, scientists warn." *UK Guardian*.

30. Henson, B. (2012, August 6). Dry and dryer. *AtmosNews*; NASA press release. (2015, February 12). NASA study finds carbon emissions could dramatically increase risk of U. S. megadroughts; Kahn, B. (2015, February 12). Southwest, Central Plains face 'unprecedented' drought. Retrieved from ClimateCentral. org; Ault, T. , et al. (2016, October 5). Relative impacts of mitigation, temperature, and precipitation on 21st-century megadrought risk in the American Southwest. *Science Advances*.

31. University of College London News. (2009, May 14). Climate change: the biggest global-health threat of the 21st century; UK Met Office. (2008, December 5). Climate scientists' warning on air quality; National Center for Atmospheric Research. (2014, May 5). Climate change threatens to worsen U. S. ozone pollution. *At-*

mos News; Stanford University. (2017, May 3). Stanford researchers analyze what a warming planet means for mosquito-borne diseases. *Stanford News*.

32. Hsiang, S. (2011, August 6, 2011). Temperature and worker output. www. fight-entropy. com; Dunne, J. , et al. (2013, February). Reductions in labour capacity from heat stress under climate warming. *Nature Climate Change*; Gelman, A. (2012, September 17). 2% per degree Celsius . . . the magic number for how worker productivity responds to warm / hot temperatures. AndrewGelman. com; Hesterman, D. (2011, June 6). Stanford climate scientists forecast permanently hotter summers beginning in 20 years. *Stanford News*; Hsiang, S. (2012, August 21). Two percent per degree Celsius. www. fight-entropy. com; Rosenthal, E. (2012, August 18). The cost of cool. *New York Times*.

33. Fisk, W. , et al. (2013, March). Is CO_2 an indoor pollutant? Higher levels of CO_2 may diminish decision making performance. Lawrence Berkeley National Laboratory;

Satish, U. , et al. (2012, December). Is CO_2 an indoor pollutant? Direct effects of low-to-moderate CO_2 concentrations on human decision-making performance. *Environmental Health Perspectives*; Kajtár, L. , & Herczeg, L. (2012, April-June). Influence of carbon-dioxide concentration on human well-being and intensity of mental work. *IDOJARAS Quarterly Journal of the Hungarian Meteorological Service*; Maddalena, R. , et al. (2014, September). Impact of independently controlling ventilation rate per person and ventilation rate per floor area on perceived air quality, sick building symptoms and decision making. Lawrence Berkeley National Laboratory; Allen, J. , et al. (2016). Associations of Cognitive Function Scores with Carbon Dioxide, Ventilation, and Volatile Organic Compound Exposures in Office Workers: A Controlled Exposure Study of Green and Conventional Office Environments. *Environmental Health Perspectives*.

34. NOAA's Pacific Marine Environmental Laboratory Car-

bon Dioxide Program. What is ocean acidification? www. pmel. noaa. gov; World Meteorological Organization. (2014, September 9) *WMO Greenhouse Gas Bulletin*; The Interacademy Panel. (2009, June). IAP statement on ocean acidification; National Oceanic and Atmospheric Administration. Coral reefs—an important part of our future. www. noaa. gov/ features/ economic_ 0708/ coralreefs. html; Veron, J. E. (2010, December 6). Is the end in sight for the world's coral reefs? *Yale environment* 360; Oregon State University News &. Research Communications. (2014, December 15) New study finds saturation state directly harmful to bivalve larvae.

35. Pimm, S. , et al. (2014, May). The biodiversity of species and their rates of extinction, distribution, and protection. *Science*; Welch, C. (March 13, 2015). "Oceans are losing oxygen—and becoming more hostile to life. " *National Geographic*; Georgia Tech Research Horizons. (2017, May 3). Decades of data on world's oceans reveal a troubling oxygen decline; *Duke Environment News*.

(2014, May 29). New technologies making it easier to protect threatened species; Senckenberg Research Institute. (2011, August 24). Global warming may cause higher loss of biodiversity than previously thought, *ScienceDaily*.

36. Dell, M., et al. (2008, June). Climate change and economic growth: evidence from the last half century. National Bureau of Economic Research; Solomon, S. (2009, February). Irreversible climate change due to carbon dioxide emissions. *Proceedings of the National Academies of Science*; Carty, T. (2012, September) Extreme weather, extreme prices. *Oxfam*.

37. U. S. Department of Defense. (2014). 2014 climate change adaptation roadmap; Femia, F., & and Werrell, C. (2012, February). Syria: climate change, drought and social unrest. The Center for Climate and Security; Cohen, J. (2015, March 2). A perfect storm: a UCSB scientist links a warming trend to record drought and later unrest in Syria, the U. C. Santa Barbara. *Current*;

Holthaus, E. (2015, March 2). New study says climate change helped spark Syrian Civil War. *Slate*; National Oceanic and Atmospheric Administration News. (2011, October 27). NOAA study: human-caused climate change a major factor in more frequent Mediterranean droughts. www. noaanews. noaa. gov / stories2011 / images / hoerlingetalfig1b. jpg; Warrick, J. , & Pincus, W. (2008, September 10). Reduced dominance is predicted for U. S. *Washington Post*; Sample, I. (2009, March 18). World faces "perfect storm" of problems by 2030, chief scientist to warn. *UK Guardian*.

38. Carrington, D. (2010, November 28). Climate change scientists warn of 4C global temperature rise. *The Guardian*; Purdue University news service. (2010, May 4). Researchers find future temperatures could exceed livable limits.

39. Hansen, J. , et al. (2005, June). Earth's energy imbalance: confirmation and implications. *Science*.

40. Nordhaus, W. (1977, February). Economic growth and

climate: the carbon dioxide problem. *The American Economic Review*; Hare, B. , et al. (2014, October). Rebuttal of 'Ditch the 2℃ warming goal'. Climate Analytics; Rahmstorf, S. (2014, October 1). Limiting global warming to 2°C—why Victor and Kennel are wrong. RealClimate. org; UN Framework Convention on Climate Change. (2015, May 4). Report on the structured expert dialogue on the 2013-2015 review. unfccc. int/resource/docs/2015/sb/eng/inf01. pdf.

41. IEA. (2014, September). Capturing the multiple benefits of energy efficiency; Wynn, G. (2009, November 10). Cost of extra year's climate inaction $500 billion: IEA. *Reuters*; Gillis, J. (2014, April 13). Climate efforts falling short, U. N. panel says. *New York Times*.

42. Kanter, J. , & Revkin, A. (2007, January 30). World scientists near consensus on warming. *New York Times*; Gillis, J. , & Chang, K. (2014, May 12). Scientists warn of rising oceans from polar melt. *New York Times*.

43. Carrington, D. (2014, November 26). Reflecting sunlight into space has terrifying consequences, say scientists. *The Guardian*.

44. Elgie, S. , & McClay, J. (2013, July 24). BC's carbon tax shift after five years: results. Sustainable Prosperity, University of Ottawa.

45. Schmalensee, R. , & Stavins, R. (2013, Winter). The SO_2 allowance trading system: the ironic history of a grand policy experiment. *Journal of Economic Perspectives*; Shapiro, I. , & Irons, J. (2011, April 12). Regulation, employment, and the economy. *Economic Policy Institute*; U. S. EPA, Office of Air and Radiation. (2011, March). The benefits and costs of the Clean Air Act from 1990 to 2020. Final Report; "A carbon trading system worth saving. " Editorial Board. *New York Times*. May 6, 2013.

46. Climate Action Tracker news release. (2017, May 15). China,India slow global emissions growth, Trump's policies will flatten US emissions; White House news re-

lease. (2014, November 11). U. S.-China joint announcement on climate change; Podesta,J. , & Holdren, J. (2014, November 12). The U. S. and China just announced important new actions to reduce carbon pollution. [White House blog] www. whitehouse. gov /blog / 2014 /11 /12 /us-and-china-just-announced-important-new-actions-reduce-carbon-pollution; China sets cap on energy use. (2014, November 19). ShanghaiDaily. com; China seeks to cap coal use at 4. 2 billion tonnes by 2020. (2014, November 19). *The Economic Times*; Chen, K. & , Stanway,D. (2014, November 18). China needs to cap coal use by 2020 to meet climate goals-think tank. *Reuters*; Puko, T. , & ChuinWei, Y. (2015, February 26). Falling Chinese coal consumption and output undermine global market. *Wall Street Journal*; Dania Saadi and LeAnne Graves. (2017, January 17). Renewable energy investments in India to reach $ 250 billion over next five years. *The National*.

47. Liptak, A. (2014, June 23). Justices uphold emission

limits on big industry. *New York Times*.

48. Lean, G. (2010, April 23). General election 2010: Britain's silent, green revolution. *The Telegraph*; Carrington, D., & Goldenberg, S. (2009, December 4). Gordon Brown attacks "flat-earth" climate change sceptics. *The Guardian*; Doyle, G., & Sumner, T. (2015, May 1). General election 2015: key points on energy policy. Retrieved from BLPlaw. com; Brownstein, R. (2010, October 9). GOP gives climate science a cold shoulder. *National Journal*; Davenport, C. (2015, March 19). McConnell urges states to help thwart Obama's "War on Coal." *New York Times*.

49. Gillis, J., & Schwartz, J. (2015, February 21). Deeper ties to corporate cash for doubtful climate researcher. *New York Times*.

50. Revkin, A. (2009, April 23). Industry ignored its scientists on climate. *New York Times*; Center for International Environmental Law oil industry documents retrieved from Smokeandfumes. org; Greenpeace report.

(2010, March 30). Koch industries: secretly funding the climate denial machine. www. greenpeace. org /usa /global-warming /climate-deniers /koch-industries; "Smithsonian Statement on Climate Change. " (2014, October 2). newsdesk. si. edu / releases /smithsonian-statement-climate-change.

51. The Committee for Skeptical Inquiry. (2014, December 5). Deniers are not skeptics. csicop. org; Davenport, C. (2014, November 10). Republicans vow to fight EPA and approve Keystone Pipeline. *New York Times*; Horsley, S. (2014, November 12). China, U. S. pledge to limit greenhouse gases. *NPR's Morning Edition*.

52. Fukushima disaster bill more than $105bn, double earlier estimate. (2014, August 27). RT. com / news; Wilson, W. , et al. River Network Report. (2012, April). *Burning our rivers: the water footprint of electricity*; Polson, Jim (2017, June 14). More than half of America's nuclear reactors are losing money. Bloomberg. com.

53. Huntington, H. et al. Energy Modeling Forum (2013,

September). Changing the game? Emissions and market implications of new natural gas supplies. *Stanford University*; Shearer, C. , et al. (2014, September). The effect of natural gas supply on US renewable energy and CO_2 emissions. *Environmental Research Letters*; Schneising, O. , et al. (2014, October). Remote sensing of fugitive methane emissions from oil and gas production in North American tight geologic formations. *Earth's Future*.

54. Dale, M. , & Benson, S. (2013, February). Energy balance of the global photovoltaic (PV) industry—Is the PV industry a net electricity producer? *Environmental Science & Technology*; Denholm, P. , & Mehos, M. (2011, November). Enabling greater penetration of solar power via the use of CSP with thermal energy storage. *NREL*.

55. Global Wind Energy Council. (2015). Global statistics. Gwec. net; Carbajales-Dale, M. , et al. (2014, February). Can we afford storage? A dynamic net energy analysis of

renewable electricity generation supported by energy storage. *Energy & Environmental Science*.

56. The National Coal Council (2003, May). *Coal-Related Greenhouse Gas Management Issues*; Department of Energy. (2008). *Retrofitting the existing coal fleet with carbon capture technology*. science. house. gov/ sites/republicans. science. house. gov/files/documents/ hearings/101311_Charter_0. pdf; Van Loon, J. (2014, December 4). This process averts climate change. Now the bad news. *Bloomberg Business*; (2010, November 9); Holden, E. (2017, June 30). Pruitt will launch program to "critique" climate science. *E&E News*; Leaks from CO_2 stored deep underground could contaminate drinking water. *Duke Environment*; Elgin, B. (2008, June 18). The dirty truth about clean coal. *Bloomberg Businessweek*; Zobacka, M., & Gorelick, S. (2012, June). Earthquake triggering and large-scale geologic storage of carbon dioxide. *Proceedings of the National Academy of Sciences*; Slavin, T., & Jha, A. (2009, July

29). Not under our backyard, say Germans, in blow to CO_2 plans. *The Guardian*; MIT CCS Technology Program (2015, January 5). Schwarze pumpe fact sheet: carbon dioxide capture and storage project. Retrieved from sequestration. mit. edu/tools/projects/vattenfall_oxyfuel. html.

57. Searchinger, T. , & Heimlich, R. (2015, January). Avoiding bioenergy competition for food crops and land creating a sustainable food future. *World Resources Institute*; Lott, M. (2014, April 21). Corn-waste biofuels might be worse than gasoline in the short term. *Scientific American*.

58. "A Big Laser Runs into Trouble" (Editorial). *New York Times*. 6 October 2012.

59. Replogle, M. A global high shift to public transport, walking, and cycling. Institute for Transportation and Development Policy. 17 September 2014; European Commission. Road transport: reducing CO_2 emissions from vehicles. Updated May 2015.

60. Romm, J. (2006, November). The car and fuel of the future. *Energy Policy*; Flynn, P. (2002, June). Commercializing an alternate vehicle fuel: lessons learned from natural gas for vehicles. *Energy Policy*; Motavalli, J. (2006, July 30). P what? PZEV's are unsung heroes in the push to clean up the air. *New York Times*.

61. U. S. Department of Energy. (2014, September 15). The History of the Electric Car. Retrieved from energy. gov/articles/history-electric-car; Romm, J., & Frank, A. (2006, April). Hybrid vehicles gain traction. *Scientific American*; U. S. Department of Energy. (2014, May 30). Electric vehicle manufacturing taking off in the U. S; U. S. Department of Energy. Clean tech now. October 2013; Parkinson, G. (2014, August 21). Why EVs will make solar viable without subsidies. Reneweconomy. com. au; Hummel, P., et al. (2014, August 20). Will solar, batteries and electric cars reshape the electricity system? UBS report. knowledge. neri. org.

nz /assets /uploads /files /2 7 0 ac-dl V0tO4LmKMZuB3. pdf;
Lienert, P. (2015, March 26). Automakers rush to double
electric car milage. *Christian Science Monitor*; Shank-
leman, J. (2017, July 6). The electric car revolution is
accelerating. *Bloomberg Business Week*.

62. Romm, Joseph. *The Hype About Hydrogen*. Island
Press, 2005; Safety, Codes, and Standards Fact Sheet.
U. S. DOE Office of Energy Efficiency and Renewable
Energy, Fuel Cell Technologies Program. February
2011. energy. gov /sites /prod /files /2014 /03 /f9 /fct _ h2 _
safety. pdf.

63. Ford Motor Company, Hydrogen Fuel Cell Vehicles.
Sustainability Report 2013 / 2014; Ayre, J. (2014, No-
vember 19). Toyota to lose $ 100,000 on every hydro-
gen FCV sold? CleanTechnica. com; Courtenay, V.
(2015, February 3). Hyundai cuts price of Tucson FCV
43% in South Korea. WardsAuto. com; Bringing Fuel
Cell Vehicles to Market. California Fuel Cell Partnership

Study. October 2001.

64. Gurwick, N. , et al. (2012). The scientific basis for bio-char as a climate change mitigation strategy: does it measure up? *Union of Concerned Scientists*; The U. S. Congressional Budget Office. The potential for carbon sequestration in the United States. September 2007; Bailey, R. , et al. Livestock: Climate change's forgotten sector. Chatham House, The Royal Institute of International Affairs, Research Paper, December 2014.

65. Pope Francis. Letter of His Holiness Pope Francis to the Prime Minister of Australia on the Occasion of the G20 Summit. The Vatican. November 2014.

66. Wilson, D. (2014, November 24). Special report: why metro Houston fears the next big storm. *Reuters*; Folger, T. (2013, September). Rising seas. *National Geographic*; Goodell, J. (2013, June 20). Goodbye, Miami. *Rolling Stone*; McNamara, D. , et al. (2015, March 25). Climate adaptation and policy-induced inflation of coastal property value. *PLoS One*.

67. Bailey, R. , et al. (2014, December). Livestock—Climate change's forgotten sector. Chatham House.

68. National Snow and Ice Data Center press release. (2014, October 7). Arctic sea ice continues low; Antarctic ice hits a new high.